『孫子』の読書史

「解答のない兵法」の魅力

平田昌司

JN166486

講談社学術文庫

はじめに

『孫子《そんし》』は、中国の戦国時代中期（前四世紀ごろ）に原型ができたと推定される兵法である。イギリスの科学史家ジョセフ・ニーダムは、「今日でも、西洋とアジアの軍事関係者から、最高の評価を与えられている」と『孫子』を評しており、世界的に知名度の高い中国古典のひとつであろう。

けれども、原典だけを手にとって通読してみると、『孫子』のものしずかな語りかたに、期待を裏切られたような思いを抱くのではないだろうか。そこに、はなばなしい戦史、将軍たちの逸話、必勝の具体策といった、人をひきつける物語はない。人間の集団がどのように運動するのか、自然など外的条件からどのような制約を受けるのかが、簡潔に述べられているだけだからである。『孫子』は全部で一三篇からなるが、その原文全体の総量は漢字で約六〇〇〇字、句読点をつけないで四〇〇字詰の原稿用紙に書き写せば、一五枚ちょっとで収まってしまう。『論語《ろんご》』の四割ほどの字数にすぎず、『老子《ろうし》』とほぼ同じ長さである。

さらに、一三篇をひとつひとつ順序だてて、ていねいに読みすすめば、ある篇は内容にまとまりがあるのに、ある篇は途中で唐突に話題が変わるなど、場所によって受ける印象がかなり異なることに気づくはずである。決して最初から最後まで緩みのない論述にはなっていない。

それでは、『孫子』はどのように形成され、どのような性格を持ち、どのように読みつがれてきたのか。本書は、こうした問題について答えようとする試みである。

第Ⅰ部では、主として、『孫子』が成立し、各地で読み伝えられた知的な背景はどういうものかを扱う。引用する『孫子』の原文・読み下し文・現代日本語訳は、原則として岩波文庫版の金谷治《かなやおさむ》訳注『新訂 孫子』（二〇〇〇年）によることとした。金谷訳は『孫子』原典の味わいをそのまま伝えようとしており、解説も簡にして要をえた信頼すべきものである。一冊を手もとに置き、本書と合わせ読んでくださるようお願いしたい。引用にあたっては、「新訂~頁」と記した。原典の表記も示したい場合は、原文・読み下し文の形式をえらんでいる。

第Ⅱ部では、まず唐の太宗《たいそう》の命により作られた為政者の参考書『群書治要《ぐんしょちよう》』に摘録された『孫子兵法』の全体を、鎌倉時代風の読み下し文をとおしてながめる。つぎに、室町時代後期の永禄《えいろく》三年（一五六〇）の読みにより、『孫子』のなかでも抽象的だとされる形篇《けい》・勢篇《せい》の内容を検討してみる。さらに、孫氏《そんし》学派による『孫子』の継承として銀雀山《ぎんじゃくざん》漢墓出土竹簡《ちくかん》「奇正《きせい》」を読み、中国西北の民族による『孫子』受容の例として行軍《こうぐん》篇の西夏《せいか》語訳の一部を紹介する。

本書で言う戦国時代は、すべて中国史上の時代区分（前四〇三―前二二一年）をさす。混乱を避けるため、日本の〝戦国時代〟は使わない。江戸時代の漢学者に言及するときは、原則として号を用いた。

目次

『孫子』の読書史

中国王朝名一覧

年代は、本書を読むための参考としてのみ示した。戦国時代の始まりについては前481年、前475年、前453年などの説もあるし、清は1636年からとされることもある。

西周《せいしゅう》	前11世紀中期－前771年
東周《とうしゅう》	前770－前256年
春 秋《しゅんじゅう》時代	前770－前403年
戦国時代	前403－前221年
＊前221年の秦帝国成立以前を、「先秦《せんしん》」という。	
秦《しん》	前221－前206年
漢《かん》	前202－後220年
前漢《ぜんかん》	前202－後8年
新《しん》	8－23年
後漢《ごかん》	25－220年
三国《さんごく》（魏《ぎ》・呉《ご》・蜀《しょく》）	220－280年
晋《しん》	266－420年
西晋《せいしん》	266－316年
東晋《とうしん》	317－420年
南北朝	420－589年
＊三国の呉に、東晋、南朝の４王朝を加えて「六 朝《りくちょう》」という。	
隋《ずい》	581－618年
唐《とう》	618－907年
五代《ごだい》	907－960年
宋《そう》	960－1276年
北宋《ほくそう》	960－1127年
南宋《なんそう》	1127－1276年
契丹《きったん》（遼《りょう》）	907－1125年
西夏《せいか》	1038－1227年
金《きん》	1115－1234年
元《げん》	1271－1368年
明《みん》	1368－1644年
清《しん》	1616－1912年1月18日

『孫子』の読書史

「解答のない兵法」の魅力

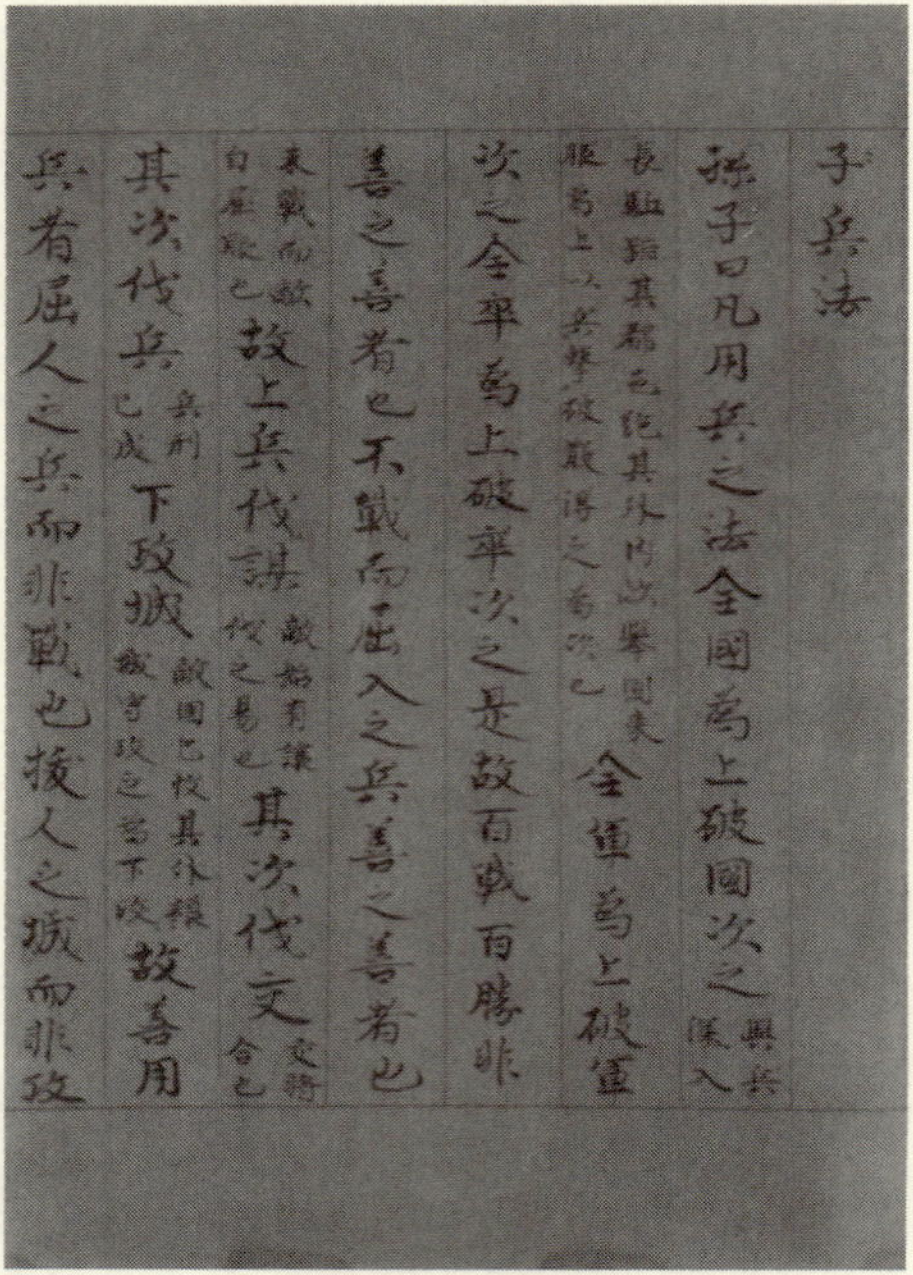
子兵法
孫子曰凡用兵之法全國爲上破國次之
全軍爲上破軍
次之全卒爲上破卒次之是故百戰百勝非
善之善者也不戰而屈人之兵善之善者也
故上兵伐謀
其次伐交
其次伐兵
下攻城
故善用
兵者屈人之兵而非戰也拔人之城而非攻

国宝『群書治要』巻33の『孫子兵法』。もと九条家伝来の平安時代写本。『群書治要』は唐の太宗の勅命によって編まれた帝王のための参考書で、多くの文献の抄録からなる。中国でははやくに失われ、日本のみに残った。巻33の一部に収められた『孫子』曹操注の抜粋は、唐代初期のおもかげを残しており、きわめて貴重である。本書第II部第1章参照。東京国立博物館所蔵。Image: TNM Image Archives

第I部

書物の旅路――不敗への欲望

第一章　戦いの言語化――『孫子』の原型

ことばとしての『孫子』

〝孫《そん》という（姓の）学匠（の著作）〟を意味する『孫子』には、いろいろな別名があった。たとえば、『孫子兵法《そんしへいほう》』、『孫武兵経《そんぶへいけい》』、『孫武子《そんぶし》』。けれども、本来どう呼ばれていたのか、正確に分かっているわけではない。台湾の国立故宮博物院《こきゅうはくぶついん》が所蔵する、清《しん》の考証学者王念孫《おうねんそん》（一七四四―一八三二）の自筆校訂本『孫子』には、もともと『兵法《へいほう》』という書名だっただろうという推測が書きこまれている。

『兵法』ならば〝戦いのやりかた〟。いかにも技術だけの本というおもむきである。実際に読んでみても、戦いの前提になる知識以外は、ほとんど書かれていない。にもかかわらず、『孫子』は、中国古代の優れた散文作品のひとつとして、早くから認められてきた。五世紀末に南朝梁《りょう》の劉勰《りゅうきょう》の著した文学理論『文心雕龍《ぶんしんちょうりゅう》』の程器《ていき》篇には、以下のように記されている。

孫武の兵法（『孫子』）は、珠玉のような美しいことばで表現されている。彼が武芸に習熟するだけで文学を解しないような人だとどうしていえよう。

（興膳宏《こうぜんひろし》訳。世界古典文学全集『陶淵明《とうえんめい》　文心雕龍』筑摩書房、一九六八年）

歴代の文章家にも、一一世紀の梅堯臣《ばいぎょうしん》・蘇洵《そじゅん》をはじめとして、『孫子』の文章を評価する人びとは少なくない。かれらが『孫子』を好んだのは、的確かつ秩序だった簡潔なことばで、深い内容を説明していると考えたからであった。日本においても、荻生徂徠《おぎゅうそらい》（一六六六―一七二八）の「総じて軍書《ぐんしょ》の内にて、孫子ほど文の奇妙なる〔すぐれる〕書なし。歴代の文人これを称美せるも、孫子が文章をたしなみて〔特に工夫をこらして〕書きたるには非《あら》ず。その道理の妙処を得たるゆへ、中に溯《みち》て外に彪《あら》はるる道理にて、自然と文章他書にすぐれたるなり」（『孫子《そんし》国字《こくじ》解《かい》』九変《きゅうへん》篇）、頼山陽《らいさんよう》（一七八〇―一八三二）の「古書の平易にして精妙踰《こ》ゆべからざる者は、ただ『論語』。『論語』に配《はい》す〔比す〕べき者は、ただ『孫子』十三篇のみ」（『山陽《さんよう》先生《せんせい》書後《しょご》』巻上「書『孫子』後」）といった評語があるし、吉田松陰《よしだしょういん》（一八三〇―一八五九）に至っては原文全体の一句一段にわたって検討し、『孫子』がどのように書かれているか、修辞法研究と呼べるものを書きあげている（第Ⅰ部第三章でとりあげる）。

ここで、『孫子』の持つ文学性を示す例として、軍争《ぐんそう》篇から広く知られた一節をとりあげてみよう。

故其疾如風、其徐如林、侵掠如火、不動如山、難知如陰、動如雷震。
故《ゆえ》に其《そ》の疾《と》きこと風の如《ごと》く、其の徐《しず》かなること林の如く、侵《おか》し掠《かす》むること火の如く、動《どう》ぜざること山の如く、知り難《がた》きこと陰《いん》の如く、動ずること雷震《らいしん》の如し。

右は、第Ⅱ部第二章であつかう永禄《えいろく》三年（一五六〇）——いわゆる第四次川中島合戦の前年——の訓みにしたがったもので、かなづかいのみ改めた。兵法の書に実用性だけを求めるならば、「風の如く」や「林の如く」といった表現にはなんの意味もない。しかし、ことばを美しくすることで、読む者に与える印象ははるかにくっきりとしたものになる。——一点つけ加えると、「徐《しず》かなること林の如く」は、森林のように静まりかえっている、という意味ではない。荻生徂徠は「〔進軍する〕行列整《ととの》ひて乱れず、法令〔軍規〕明らかにして騒《さは》がしからず、森林の樹立《こだち》の、いよやかに〔高々とそびえて〕かうがうしくて〔おごそかで〕、中々寄《なかなかよ》り近《ちか》づかれぬ如くあるべしということ」と解釈している。「徐」は「疾」の対義語で、おもむろ、ゆるやかを意味し、「静」が、動かないこと、音のないことを示すのとは、ちがう（『孫子国字解』軍争篇）。英訳のひとつは、この一句を"in leisurely march, majestic as the forest〔ゆったりと行軍するときは、森林のように堂々と〕"（S・B・グリフィス）としている。

二〇世紀中国の人文学を代表する碩学《せきがく》のひとり銭鍾書《せんしょうしょ》（一九一〇─一九九八）は、明代《みん》の姜南《きょうなん》の説を引きながら、軍隊の動きを詩的表現で描いた例が、つとに『詩経《しきょう》』大雅《たいが》「常武《じょうぶ》」に見られることを指摘している（『管錐編《かんすいへん》（一）』中華書局、一九七九年）。

王旅嘽嘽　王の旅《もろもろ》　嘽嘽《たんたん》たり　周《しゅう》王の軍団は　勇ましく
如飛如翰　飛ぶが如し　翰《あが》るが如し　飛ぶ鳥に似て　翔《か》け昇る猛禽《もうきん》に似て
如江如漢　江《こう》の如し　漢《かん》の如し　大軍が進むさまは長江や漢水《かんすい》の水勢に似て
如山之苞　山の苞《もと》の如し　動じないことは大山の麓に似て
如川之流　川の流るるが如し　敵が防ぎきれないことは水の流れに似て
緜緜翼翼　緜緜《めんめん》　翼翼《よくよく》たり　しずかに秩序ただしく　つとめ励む
不測不克　測らず　克《か》たず　わが意図は測りがたく　誰も勝てない
濯征徐国　濯《おお》きに徐《じょ》国を征《せい》す　勢いも盛んに　徐の国を討つ

読み下し文は、室町時代の学者清原宣賢《きよはらのぶかた》（一四七五─一五五〇）の説による（小川環樹《おがわたまき》・木田《きだ》章義《あきよし》校訂『毛詩抄《もうししょう》（四）』岩波書店、一九九六年）。「常武」が作られた年代は確定できないが、前九世紀に在位した周の宣王《せんおう》の武勲を記念した詩と伝えられており、「其の疾《と》きこと風の如く」に先だつものであることは言うまでもない。『孫子』以前、すでに兵法の文学化が始まっていたことを知ることができる。

また、同じく『詩経』大雅の「大明《たいめい》」では、王を補佐する将軍がうたわれている。

維師尚父　維《こ》れ師尚父《ししょうほ》
時維鷹揚　時《ここ》に維れ鷹のごとくに揚《あが》りて
涼彼武王　彼《か》の武王《ぶおう》を涼《たす》く

「師尚父」とは、前一一世紀の半ば、西周《せいしゅう》の武王に仕えて牧野《ぼくや》の戦いで勝利をおさめ、殷《いん》・周の王朝交替をもたらした太公望呂尚《たいこうぼうりょしょう》への尊称である。その軍略は伝説化し、太公望を著者として仮託した兵書『六韜《りくとう》』がのちに編まれるに至る。このような詩句の存在は、指揮官のすぐれた才能が、はやくから賞賛の対象となっていたことを示すだろう。

ほぼ同じ時期に、戦いの具体的な報告もみることができる。西周の康王《こうおう》の治世、前一〇三一年ごろに作られた「小盂鼎《しょううてい》」は、周王朝が北方の異民族鬼方《きほう》と戦い、二度にわたって勝利したことを記念した青銅器であった。その銘文によれば、第一回の戦闘では、敵兵四八〇〇人あまりを殺し、一万三〇八一人を捕虜とし、車両一〇台・牛三五五頭・羊二八頭などを鹵《ろ》獲《かく》した。続く第二回の戦闘では、敵兵一三七人を殺し、馬一〇四頭・車両一〇〇台あまりを

表1　今本『孫子』篇名一覧

計《けい》篇第一　（始《し》計《けい》篇）
作戦篇第二
謀攻《ぼうこう》篇第三
形《けい》篇第四　（軍形《ぐんけい》篇）
勢《せい》篇第五　（兵勢《へいせい》篇）
虚実篇第六*
軍争《ぐんそう》篇第七
九変《きゅうへん》篇第八
行軍《こうぐん》篇第九
地形篇第十
九地《きゅうち》篇第十一
火攻《かこう》篇第十二
用間《ようかん》篇第十三

*竹簡本では実虚篇（あるいは神要篇）。

鹵獲している（馬承源《ばしょうげん》編『商周《しょうしゅう》青銅器銘文選（三）』文物出版社、一九八八年）。

この数字そのものには誇張があるかも知れない。しかし、大きな部隊を統率し、戦果の詳しい記録を作れる以上、軍の組織が充分に整えられ、制度が定められていたはずである。中国古文字学・古兵法に精しい李零《りれい》は、こうした軍の組織運営の細則集を「軍法《ぐんぽう》」と呼び、そこから「兵法」が形成されてきた、と推定した。「軍法」の成立は、おそらくきわめて早い。『易経《えききょう》』の卦辞《かじ》と呼ばれる部分は、春秋《しゅんじゅう》時代以前にできていたと考えられるが、その「師《し》」の卦《か》には、「師を出《い》だすに律《りつ》を以《もっ》てす。否臧《ひぞう》は凶《きょう》」——軍隊を動かすには軍律を遵守する、（軍律を破れば、結果が）敗戦であれ勝利であれ凶だ、とある。

作戦の具体的な過程を知ることができるのは、魯《ろ》国の年代記『春秋』に対して書かれた注釈書

『春秋左氏伝《さしでん》』（『左伝《さでん》』）の出現を待たなくてはならない。前七一四年、現在の山西省《さんせい》あたりにいた異民族の北戎《ほくじゅう》が、現在の河南省《かなん》にあった鄭《てい》国に侵攻した。迎え撃つ鄭軍は戦車を主力とした編制で、歩兵中心の敵軍との混戦では不利になる懸念があった。そこで、おとりの部隊をわざと退却させ、北戎が追撃してきたところを三方から伏兵で襲うという作戦をたてて勝利している（小倉芳彦《おぐらよしひこ》訳『春秋左氏伝（上）』岩波文庫、五二頁）。また、前七〇七年、周の桓王《かんおう》が鄭を攻めた繻葛《しゅかつ》の戦いで、鄭は「魚麗《ぎょり》の陣」を布《し》き、戦意に乏しい敵左翼をまず潰走させ、続いて右翼を崩し、最後に兵力を集中して周王の本陣を攻撃する作戦で勝利した（同、七四頁）。『左伝』最後の記事は前四六八年なので、書物として成立したのは戦国時代になってであろうが、このふたつの逸話は、中国語文法史研究者の何楽士《からくし》が言語的に古い層と判定した『左伝』前半部（隠公《いんこう》―成公《せいこう》）に出現し、編纂以前から伝承された原資料にもとづいている可能性が高い（「『左伝』前八公与後四公的語法差異」『古漢語研究』一九八八年一期）。

　軍事上の箴言《しんげん》を含んだ「軍志《ぐんし》」と呼ばれる書物も、前七世紀にはできていた可能性がある。例として、『左伝』僖公《きこう》二八年（前六三二）の「軍志に曰《い》わく、允当《いんとう》なれば則《すなわ》ち帰る、又《ま》た曰わく、難きを知って退く、又た曰わく、有徳《ゆうとく》には敵《てき》す可《べ》からず」をあげておこう。小倉芳彦は、「兵書に「ほどほどで止めよ」とも、「難所と知れば退け」とも、「徳ある者には歯向かうな」ともある」と訳している（岩波文庫、（上）二八五―二八六頁）。

以上示してきたことから分かるように、『孫子』はひとりの著者が自らの思索のみにもとづいて書いた本ではない。「軍法」、歴史書、「軍志」などの数百年にわたる知的蓄積をふまえているはずである。『孫子』が先行する文献を利用した痕跡だと思われる個所をあげてみよう。まず、

兵法、一曰度、二曰量、三曰数、四曰称、五曰勝。

兵法《へいほう》は、一に曰わく度《たく》、二に曰わく量《りょう》、三に曰わく数《すう》、四に曰わく称《しょう》、五に曰わく勝《しょう》。

（形篇、新訂六〇頁）

この条について、荻生徂徠は「古《いにしへ》の軍書の語をあげたり。〝兵法〟と云《い》ふは、軍法のことなり。軍法のことをかきたる古書の語を挙げたるゆへ、〝兵法〟の二字を置《おき》たるなり」と述べ、先行する兵書からの引用だとみなしている。また、

軍政曰、言不相聞、故為金鼓。視不相見、故為旌旗。

軍政《ぐんせい》に曰わく、「言うとも相《あ》い聞《き》こえず、故に金鼓《きんこ》を為《つく》る。視《しめ》すとも相い見えず、故に

旌旗《せいき》を為る」と。　（軍争篇、新訂九六頁）

について徂徠は、「軍政と云ふは、梅堯臣が注に〝軍之《ぐんの》旧典《きうてん》なり〟と云へり。王晳《わうせき》が注には〝古軍書なり〟と云へり。旧は〝ふるし〟とよむ。典は典籍にて書籍のことなり。さればふるき古《いにしへ》の軍書なり」と、『軍政』は書名だとみなしている。

とりこまれた原資料の痕跡

これら出典らしいものを明記した個所ばかりではない。清《しん》代の学者宋翔鳳《そうしょうほう》（一七七六―一八六〇）は、一般的に戦国時代の文献で「故曰（故に曰わく）」「是故（是《こ》の故に）」を冠した語句は、古いことばの引用だと説く（『過庭録《かていろく》』巻一四）。この宋翔鳳の指摘は、もともと注釈的な性格の強い文献（『管子《かんし》』形勢解《けいせいかい》、『韓非子《かんぴし》』解老《かいろう》篇など）の場合、かなりよくあてはまる。今本『孫子』はどうかというと、「故曰」が五例出てくる。有名な一例をあげておこう。

故曰、知彼知己者、百戦不殆。不知彼而知己、一勝一負。不知彼不知己、毎戦必殆。

故に曰わく、彼《か》れを知りて己《おの》れを知れば、百戦して殆《あや》うからず。彼れを知らずして己れを知れば、一勝一負す。彼れを知らず己れを知らざれば、戦う毎《ごと》に必ず殆うし。

（謀攻篇、新訂五一―五二頁。●は中国語上古音での押韻を示す）

徂徠は「此《こ》の段は、古語を引《ひき》て一篇の意を結ぶなるべし。〝曰〟と云《いふ》字あるを以て見れば、古語を引《ひき》たるなり」と推定する（一一七頁、図15）。韻文になっており、記憶しやすく作られた兵法の要訣を、『孫子』に引用したのである。

いっぽうの「是故」の性格は、宋翔鳳説のように簡単ではなく、引用だと認めにくい例も多い。ただ、さきほどあげた「軍政曰」の原文が、あとで言及する漢代の竹簡《ちくかん》本で「是故軍〔政曰――原典欠損〕」となっているのは、引用と「是故」のなじみのよさを示すかも知れない。つぎは『孫子』に現れる「是故」一六例のうち、引用と考えられる個所のひとつである。ここも押韻している。

是故始如処女•、敵人開戸•、後如脱兎•、敵不及拒•。

是の故に始めは処女の如くにして、敵人　戸を開き、後は脱兎《だっと》の如くにして、敵　拒《ふせ》ぐに及ばず。

（九地篇、新訂一六三頁）

『孫子』一三篇のうち最も長く、一篇で全体の字数の一七パーセントを占める九地篇には、「故曰」「是故」が八例（総用例数の三割以上）と、わりあいまとまって出現する。だとすると、『孫子』が、独立した論説という性格の強い篇と、古伝に対する注釈的性格の強い篇との混在である可能性もある。さらに、D・C・ラウ（劉殿爵《ラウティムチョク》）が、一九六五年に『孫子』本文研究をめぐる論文で指摘した以下の二点は、成立史を考えるにあたって注意を要する（D. C. Lau, "*Some Notes on the Sun tzu*"）。

> 戦国時代の作品は、一般的に言って、比較的短い段落を編集したものである。いくつもの段落を一つの篇にまとめる基準となるのは、たまたま、ある重要な語句をどの段落も含んでいる、ということだけである。したがって、注釈者・訳者にとって最もだいじな課題は、ある篇をどのように小さく段落わけすればよいのか、示すことなのである。古代のテクストに、前や後と何らの関連も示さない段落が出てくるのは、そう珍しいことではない。……それは、前後の段落の異本であるかも知れない。また隣り合った段落とたまたま同じ主題を扱っていたために、とりこまれた段落なのかも知れない。

ラウの意見は、『孫子』が単に先行文献の語句だけでなく、段落そのものをとりこんだ可能性まで示唆する。近年、石井《いしい》真美子《まみこ》は、『孫子』の構造を検討し、「混乱した書」という評価を与え、成立段階の本来のすがたから複雑な編纂の過程を経て変化したものだという見解を提出している（「『孫子』の構造と錯簡」）。『孫子』をていねいに読めば、石井の感触が決して誤っていないことは理解されるであろう。ただ、筆者としては、ラウの意見にしたがい、『孫子』の各篇はゆるやかな集合体であって、成立の段階から複数の資料をとりこんで作られており、それが今日の眼から「混乱」に見える場合もある、必ずしも伝承の過程で生じた混乱ではない、という解釈をとりたい。一九九三年に発見された、戦国時代の郭店楚墓竹簡《かくてんそぼ》には、雑然とした内容の断章を集めた文献（校訂者により、「語叢《ごそう》」と名づけられている）も混じっており、古い資料が必ずしもきれいに整っているとは限らない。

「軍師」の出現

『孫子』が、古い伝承や文献を利用して新たに編まれたのだとすれば、なんのためだったのか。ひとつの説は、春秋時代から戦国時代にかけての戦いの変容が原因だとするものである。春秋時代の戦いは、貴族が中心だった。かれらは、必ず六芸《りくげい》つまり礼《れい》（社会規範）・楽《がく》（音楽）・射《しゃ》（弓術）・御《ぎょ》（馬が牽《ひ》く戦車の操縦）・書《しょ》（読み書き）・数《すう》（算術）の教養をそなえ、平時は統治し、非常時に戦士となる。戦いの作法を学び、武器を所有するのは、貴族の特権だった。ところが、前五世紀、春秋時代から戦国時代にかけて戦争の規模が拡大し、平民にも武器を与えて動員する体制が作られていく。戦士としての素養も、身分的誇りも持たない群衆を積極的に戦わせるには、ひとを組織化して統率する技術がなくてはならない。

古代中国における暴力の社会史を研究したマーク・ルイスは、以上の点を考えたうえで、戦国時代の新しい統率術につき、四つの特徴を指摘している(M. E. Lewis, *Sanctioned Violence in Early China*)。第一に、兵書による学習。第二に、群衆を組織化して動かすためのこころくばり。第三に、戦闘のカオスから法則性を帰納。第四に、軍事にとどまらず、政治権力・社会秩序への視点のひろがりを持つこと。ルイスはさらに、軍事教育を受け、各種戦術や新兵器のあつかいについてだけ知識をそなえ、戦場での武芸や馬車操縦の技量を問われない専門家集団——つまり「軍師」の出現こそが戦国時代の特徴だと説く。この意見はたいへんおもしろいものだが、さきに述べたように軍事の知識は春秋時代以前から蓄えられていた。また、ルイスは礼にのっとった貴族どうしの戦闘から平民の戦闘への変化を重視するが、太古から頻繁に起きた異民族との戦いが作法にのっとっていたとも信じにくい。むしろ、軍事知識の蓄積がさまざまな地域や階層に拡散を始め、文字化され、専門として教える教師が現れたのが戦国時代だった、と考えるべきではないだろうか。

第二章　成立と伝承

知識の移動する時代

司馬遷《しばせん》の『史記《しき》』孫子呉起列伝《そんしごきれつでん》によれば、孫子の兵法と呼ばれる書物はふたつあった。ひとつは春秋時代の孫武《そんぶ》（前六世紀末の人とされる）が著したという一三篇。もうひとつが、孫武の子孫だとされる、戦国時代の孫臏《そんぴん》（前四世紀の人）の兵法である。現在ふつうに『孫子』と呼ばれるのは前者の一三篇で、漢代すでに必読の兵書となっていた。後者、孫臏の兵法は、一世紀まで確実に伝わっていたが、その後いったん失われ、再発見されたのは一九七二年である。

『孫子』一三篇にまつわる伝承は、前章に述べた知識の拡散という色合いを帯びている。『史記』は、孫武が斉国《せい》（現、山東省《さんとう》一帯）の出身で、呉王《ご》の闔廬《こうろ》（闔閭《こうりょ》、蓋廬《こうろ》。前五一四―前四九六年在位）に仕えたと言い、呉が強大な隣国の楚《そ》を破ったのは孫武の力だと説明している。孫武という人物が実在したかどうか、ほんとうに『孫子』の著者であるのかどうかは、あとでもういちど検討することにして、ここではとりあえず『史記』を信じておく。

孫武はなぜわざわざ呉（現、江蘇省《こうそ》一帯）に行ったのか。孫武の出身地だとされる斉から、南方の呉まではかなり遠い。日本地図上では、ほぼ秋田・青森から東京までと同じくらいの移動距離になる。さらに、呉、長江中流域の楚、東南沿海部の越《えつ》（現、浙江省《せっこう》一帯）といった諸国は、黄河中流域の中原《ちゅうげん》諸国（中国）とは言語も文化も異なる地域だった。ここで、中原諸国と接触を持ちはじめてから滅亡に至るまでの呉について、『左伝』や『史記』をもとにまとめてみよう。

前五八四年　晋《しん》国の使者申公巫《しんこうふ》臣《しん》が、呉に陣法と戦車の使用を教える。
前五四九年　楚の舟師《しゅうし》（水軍）が呉を伐《う》つ。
前五二五年　呉が楚を伐つ。呉王の舟「余皇《よこう》」が楚軍に一時奪われる。
前五二二年　楚の伍《ご》子《し》胥《しょ》が呉に亡命する。
前五一四年　呉王の闔廬《こうろ》が即位。楚の伯嚭《はくひ》が呉に亡命。（『史記』を信じるなら、この年から前五一二年のあいだに、闔廬は孫武と会ったことになる。）
前五一二年　孫武が将軍となり、闔廬とともに楚を攻める。
前五〇六年　呉が楚の首都郢《えい》を陥れる。
前五〇五年　呉軍が楚にいるすきに、越が呉を攻める。
前四九七年　（孔子《こうし》が母国の魯《ろ》国を離れる。）
前四九六年　越王勾践《こうせん》が即位。闔廬が越軍との戦いで受けた傷により没し、子の夫差《ふさ》が即位。
前四九四年　勾践が呉王夫差に投降。
前四八八年　呉が斉を伐ち、魯の哀公《あいこう》を繒《そう》の地に召す。
前四八五年　魯と協同し、呉が海から斉を攻める。
前四八四年　（孔子が諸国での客としての生活を終え、魯に帰る。）
前四八二年　夫差が、諸侯と黄池《こうち》（現、河南省新郷市《しんきょう》封丘県《ほうきゅう》）で会盟《かいめい》。越が呉に侵攻。
前四七九年　（孔子が没する。）
前四七三年　越が呉を破り、夫差が自殺。呉は滅亡。

長江流域では、中流域の楚がまず強国になっていた。楚に対して、下流域の呉が力で対抗するようになったのは前六世紀末からである。年表からは省略したが、楚と呉の戦いはかなり多い。呉王闔廬が即位すると、呉は急激に力をつよめ、前五〇六年には楚の都を陥れた。闔廬は、前四九六年に南方の越との戦いにおいて傷を受けたのがもとで没するが、かれの武名は二百数十年後の秦《しん》代まで語り継がれている（『呂氏春秋《りょししゅんじゅう》』離俗覧《りぞくらん》の上徳篇《じょうとく》）。闔廬を継いだ呉王夫差は、さらに勢力を拡大し、前四七三年の滅亡までの短い期間ながら、中原諸国をおびやかすに至る。
中国最古の経済史である『史記』貨殖《かしょく》列伝によれば、闔廬の時代からの呉は、自国出身で

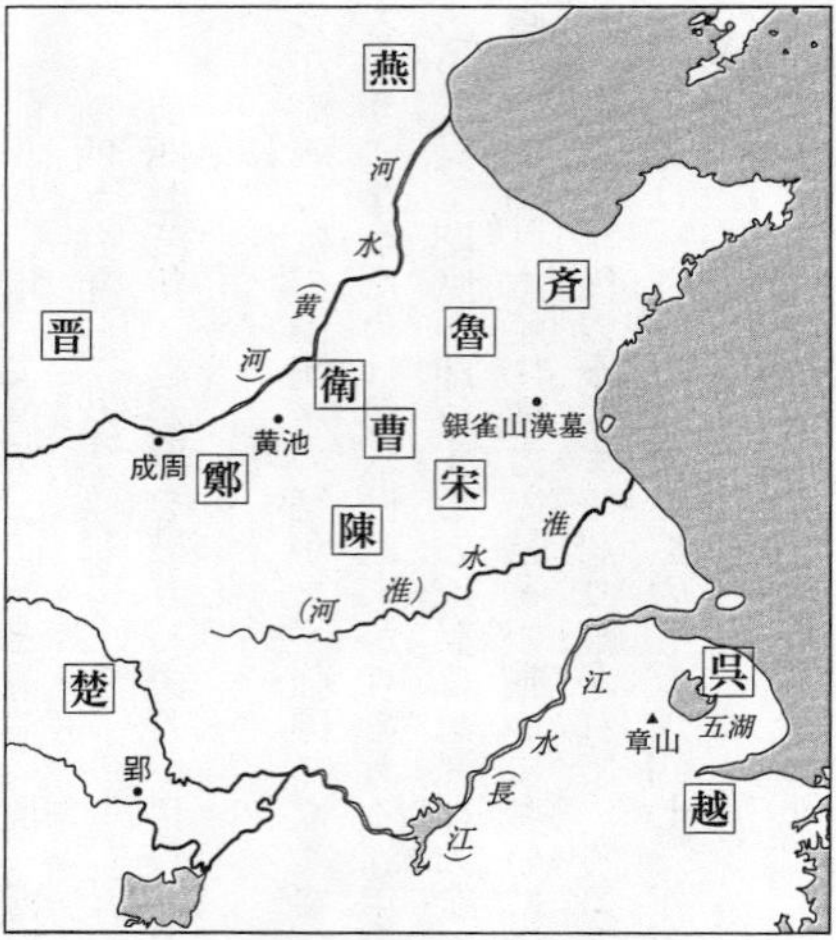

図１　『孫子』関係地図。海岸線、河道、湖は春秋時代のもの（推定）。

ない人材を熱心に集めはじめたという。呉の国内には、海岸部でとれる塩、章山《しょうざん》（現、浙江省安吉《あんきつ》市）から出る銅、河川や五湖《ごこ》（現、太湖《たいこ》）の生産物があり、経済力ものびていた（小川環樹ほか訳『史記列伝（五）』岩波文庫、一六三頁）。さきの年表の一一〇年間を見ても、三回にわたり外来者の手で呉に軍事知識がもたらされたことがめだつ。まず、前五八四年に来た申公巫《しんこうふ》臣《しん》はもと楚の臣、亡命して北方の晋（現、山西省一帯）に仕え、その使者として呉を訪れたときに中原の戦術を伝えた。前五二二年に来た伍子胥《ごししょ》も楚の人。父を王に殺されたため呉に亡命し、楚と戦う呉を助けて、父のあだを討とうと努力する。かれの名による兵法『五子胥《ごししょ》〔伍子胥〕』一〇篇と図一巻も作られた（『漢書《かんじょ》』芸文志《げいもんし》）。そして第三が、斉から来た孫武ということになる。斉と呉は、政治の中心地こそ離れているが、国境を接するのみならず、海路での交通も可能だった。おそらく、文化的に優位な晋・楚・斉などから周縁の呉へと、兵法などの知識をたずさえて赴けば、充分な礼遇を受けることができたのだろう。ただし、『孫子』が斉からもたらされたものではなく、わざわざ呉王のために孫武によって書かれたという論者もいるが、その可能性は低そうである。楚・呉・越の一帯は水辺や湿地が多く、水上の戦いが重要なのに、今本『孫子』にはそういった記述がほとんどない。むしろ後述のいわゆる〝孫《そん》臏《ひん》兵法〟十陣《じゅうじん》篇に、「水戦《すいせん》の法《ほう》」が記述されている。

　ここで思い起こされるのは、孫武とほぼ同時代の孔子（前五五一―前四七九）も諸国を遍歴していることである。孔子は、前四九七年に出身地の魯国（現、山東省西南部）を離れてから、衛《えい》・曹《そう》・鄭・陳《ちん》などの諸国に、一四年にわたり滞在した。弟子の集団を率いて詩《し》書《しょ》礼《れい》楽《がく》、つまり「六芸《りくげい》」のうち文化的教養を教え、すぐれた人材がいれば諸侯のもとではたらかせたので、文化の移植をおこなっていたわけである。そのため、孔子を受け入れた諸侯の側では、客人《まれびと》がもたらす兵法の知識にも期待をかけることがあった。『論語』の衛霊公《えいのれいこう》篇に「衛の霊公が孔子に戦陣のことをたずねられた」（金谷治訳、岩波文庫、三〇三頁）という。上海博物館蔵の戦国竹簡『曹沫之《そうばつし》陣《じん》』の内容が、魯の君主荘公《そうこう》と臣下の曹沫《そうばつ》（前七世紀の人）との軍事問答であることから推論すると、金谷訳で〝戦陣〟とされている『論語』原文の「陳《じん》〔陣〕」も、兵法の意味だった可能性がある。いずれにせよ、前六世紀末―前五世紀初あたりから、知識や技術を資本として故郷を離れる者が記録にめだちはじめる。孫武が斉から呉に南下したのが事実なら、単身の旅ではなく、孔子同様に弟子の集団を引きつれていたかも知れない。

『史記』の孫子伝を疑う

『史記』によるならば、今本『孫子』ができたのは前六世紀末ということになる。これについて、比較的早く疑いを明らかにしたのは南宋《なんそう》の葉適《ようてき》（一一五〇―一二二三）で、孫武という人物の事跡が『史記』以外の古文献にほとんど出てこないことなどを根拠として、『孫子』は春秋末期から戦国初期、つまり前五世紀末ごろに民間の無名の人物によって書かれた著作で、孫武が呉で重用されたなどというのは大げさな作り話だと考えた（『習学記言《しゅうがくきげん》』巻四六）。

たしかに、『史記』によれば、呉王闔廬が楚を破ったのは孫武の力によるとされている。それだけの功績をあげた名将だというのに、春秋戦国時代の歴史書にはほとんどなにも書かれていない。『史記』に出てくるのは、呉王闔廬の宮女たちに軍隊の規律を守らせたという逸話だけである。よく知られた話だが、簡単に要約だけしておこう。

孫武が初めて闔廬に謁見したとき、王はかれの実際の能力を試そうと、宮女たちを兵として指揮させてみた。孫武は、一八〇人の宮女を二隊に分け、ひとりひとりに戟《げき》（鎌槍）を持たせて、指定された太鼓のあいずに合わせて前・左・右・後を向くように命じた。しかし、何度ていねいに指示を聞かせても、女たちは笑いころげるばかりでまじめにやろうとしない。そこで、孫武は「兵法によれば、「指示がされず知らされもしていないときは、〔命令を出す〕将軍の責任である。指示が出て徹底させられてからは、〔命令を実行する〕隊長の責任である」」と言って、王の寵愛する女性ふたりが隊長をつとめていたのを斬殺し、それから宮女たちは規律どおり一糸乱れず動くようになった。寵愛する女たちを殺された闔廬は衝撃を受けたが、孫武が指揮官として有能だと知った。（全体は新訂一八六―一八九頁を参照。銀雀山漢墓出土竹簡を用いて少し内容を補った）

この異様な事跡しか伝わらない孫武は架空の人物ではないか、今本『孫子』一三篇は戦国時代ごろに作られた後代の著作なのではないか。

こうした説に対しては賛否双方の立場からさまざまな意見が出されてきたが、そのなかで江戸時代津《つ》藩の学者斎藤拙堂《さいとうせつどう》（一七九七―一八六五）は『孫子』と『史記』『左伝』をつきあわせて四つの疑問点を指摘し、孫武が春秋時代の呉王闔廬に仕えたというのは司馬遷の伝聞の誤りで、実際は戦国時代の孫臏と同一人物だったと断定している（『拙堂文集』巻四「孫子弁」）。その論拠は、以下のとおりである。

(一)『史記』では、前五〇六年に呉が楚を破ることができたのは孫武の力によるという。しかし、呉と楚の戦いを詳しく記述した『左伝』に、孫武の名まえは出てこない。

(二)『史記』によると、孫武が呉王闔廬に謁見する以前、すでに『孫子』は書かれていたはずである。その当時、越国はまだ弱小だった。ところが虚実篇には、「わたしが考えてみるのに、越の国の兵士がいかに数多くても、とても勝利の足しにはならないだろう」(新訂八三―八四頁)と言う。越国が強大になってから『孫子』が書かれたとしないと説明がつかない。

(三)『左伝』によれば、呉と越が初めて本格的に戦ったのは前五一〇年である。ところが、九地篇には「そもそも呉の国の人と越の国の人とは互いに憎みあう仲であるが、それでも一しょに同じ舟に乗って川を渡り、途中で大風にあったばあいには、彼らは左手と右手との関係のように密接に助けあうものである」(新訂一五三頁)と記されている。孫武が楚を攻めた前五一二年より前に『孫子』が書かれていたのなら、孫武は未来における呉と越の対立を予見できたことになってしまう。

(四)『史記』によれば、呉の公子光《こう》は、前五一五年に刺客の専諸《せんしょ》を使って従兄弟の呉王僚《りょう》を暗殺し、自分が即位して呉王闔廬となった。孫武が闔廬とともに楚を攻めたのは前五一二年、わずか三年後のことである。孫武が闔廬と初めて会ったのはそれ以前なのだから、『孫子』執筆と専諸による暗殺事件とどちらが先かさえ分からない。ところが、九地篇では「〔あの有名な〕専諸や曹劌《そうかい》のように勇敢になるのである」（新訂一五一頁）と言っている。魯の武将曹劌が、匕首《あいくち》で斉の桓公《かんこう》を脅迫し、魯の領土を返還させた事件は前六八一年。同時代の専諸と百数十年前の曹劌をならべて例にするのは、不自然である。

四点のうち（二）（三）は、皆川淇園《みながわきえん》（一七三四—一八〇七）も、『史記』孫子呉起列伝と『孫子』本文の矛盾から似た疑問をいだいた（淇園先生註『孫武子《そんぶし》』筑波大学中央図書館蔵）。（四）は、新井白石《あらいはくせき》（一六五七—一七二五）が最初に注目しており、孫武が『孫子』を書いたのは専諸の暗殺事件以前だったはずだ、古い時代にもうひとり別の暗殺者専諸がいたのではないか、と述べながら、『孫子』が戦国時代の成立だという葉適説の存在にも言及している（『孫武兵法択《そんぶへいほうたく》』巻一一）。斎藤拙堂の説は、宋代の中国や江戸時代日本の人びとのあいだで積み重ねられてきた疑念を背景に生まれ、『孫子』と『左伝』『史記』を丹念に読みくらべて、より説得力のあるかたちで問題点を提示したと言うことができよう。

斎藤拙堂以降、『孫子』の著者として有力視されるようになったのが、『史記』孫子呉起列伝に出てくるもうひとりの「孫子」、孫武より一〇〇年後に活躍した、戦国時代の斉の軍師孫臏である。一時期は、孫武を伝説上の人物とみなし、孫臏こそ『孫子』の著者だとする説が、かなり有力になっていた。

『孫子』の成立年代についての完全な合意は、現在でもできていない。二〇世紀に入ってから出された説のうち、一部をあげてみたい。

孫武が闔廬に会う以前の自著（何《か》炳棣《へいてい》）
前四九六―前四五三年（鄭良樹《ていりょうじゅ》）
戦国初期の前四世紀前半（浅野《あさの》裕一《ゆういち》「十三篇『孫子』の成立事情」）
戦国初期で孫臏以前（武内義雄《たけうちよしお》「孫子の研究」）
前四〇〇―前三二〇年ころ（S・B・グリフィス）
原型は戦国時代の孫臏の前、あるいは同じころの成立（金谷治『新訂 孫子』）
戦国時代の孫臏の著（金徳建《きんとくけん》）、孫臏の原著を曹操が抄録（武内義雄「孫子十三篇の作者」）
戦国時代中期（李零。前四世紀を念頭に置くか）
戦国時代中後期（斉思《せいし》和《わ》。前四―前三世紀を考えているのだろう。銭穆《せんぼく》）
前三世紀にくだる可能性が高い（山田《やまだ》崇仁《たかひと》）

おおまかに言うと、前六世紀末から前三世紀まで、説によって成立年代に二〇〇年以上のちがいがあることになる。

呉孫子兵法と斉孫子――銀雀山漢墓から出土したのはなにか

ここまでの叙述では、『史記』に出てくる孫武という人物が実在したかどうか、ほんとうに『孫子』の著者であるのかどうか、とあいまいな言いかたをしてきた。『孫子』の著者が誰で、いつごろ書かれた本なのかをめぐっては、右のように議論が続いているからである。以下、この著者の問題をもう少し詳しく見ていきたい。そのためには、少し回り道をして、中国の書籍史について概観しておく必要がある。

中国に「目録学《もくろくがく》」と呼ばれる学問がある。おおざっぱに言えば書籍分類の研究である。書籍を分類するといっても、たやすいことではない。学問の発生や分化の歴史を考え、分野ごとの軽重を判断して細目を作り、なぜそのような分類をしたか詳しい解説を書き、あらゆる本をそのなかに位置づける、という作業である。こうした中国の目録学の意義と重要性については、井波陵一《いなみりょういち》『知の座標――中国目録学』（白帝社、二〇〇三年）に詳しい。目録学は、漢代に興り、時代ごとの知的枠組みの変動を反映して、絶えず発展してきた。だから、中国における知の歴史を考えようとするならば、まずは目録学を知らねばならない。兵書が他の学問分野とどのように関連すると考えられていたかも、目録学から理解することができる。

いま見ることのできる最古の目録学書は、後漢《ごかん》の班固《はんこ》（三二―九二）の『漢書《かんじょ》』に含まれる芸文志《げいもんし》で、前漢《ぜんかん》末期の朝廷蔵書目録『七略《しちりゃく》』を基礎とし、内容を縮約して書かれたものである（大木康《おおきやすし》『『史記』と『漢書』』岩波書店、二〇〇八年、六五頁以下）。『漢書』芸文志の大分類は、儒家の文献「六芸」を筆頭に、その他の思想学派「諸子」、文学作品「詩賦《しふ》」と続き、さらに「兵書」、各種の吉凶占いや予言の書「数術《すうじゅつ》」、医学書「方技《ほうぎ》」が並んだ六類になっている。この六類は、「六芸」「諸子」「詩賦」が支配する者や学問に志す者の読む本、「兵書」「数術」「方技」が専門技術者向けの本、と大別できよう。戦国時代に諸侯が渇望していた兵書の知識は、漢代の序列で第四位に置かれ、「諸子」より下のあつかいである。後世、目録学の発展とともに、中国の図書分類は大きく組み替えられていくが、兵書を低くみる態度は、後世までずっと残った。兵書の格づけを少し高くしたのは、一八世紀、清の乾隆《けんりゅう》帝《てい》の時代に編まれた一大叢書「四庫全書《しこぜんしょ》」の分類体系である。王朝の支配者である満洲《まんしゅう》人の尚武《しょうぶ》の伝統を示そうとしたのだろう。ただ、その社会的な影響はほとんどなかった。

『漢書』芸文志に説かれる「兵書」伝承の状況は、つぎのようなものである。前漢の初期、前二〇〇年前後、朝廷には一二八種の兵書があった。その内容が重複しているものなどを張《ちょう》良《りょう》と韓信《かんしん》が整理して、三五種にまとめた。のち新発見の資料、漢代に書かれた著作などが加わり、西暦紀元ごろに歩兵校尉《ほへいこうい》の任宏《じんこう》が校訂したときには、「五十三家、七百九十篇、図四十三巻」まで増えている。任宏は、「兵書」の下位分類として兵権謀《へいけんぼう》・兵形勢《へいけいせい》・陰陽《いんよう》・技巧《ぎこう》の四種を新たに設けた。筆頭にあげられた「兵権謀」に属するのはつぎの一三家《か》であり、他の三種を総合した性格だとされている（図2）。

呉孫子《ごそんし》兵法《へいほう》八十二篇、図九巻。斉孫子《せいそんし》八十九篇、図四巻。公孫鞅《こうそんおう》二十七篇。呉起四十八篇。范蠡《はんれい》二篇。大夫種《たいふしょう》二篇。李子《りし》十篇。娷《ずい》一篇。兵春秋《へいしゅんじゅう》三篇。龐煖《ほうけん》三篇。児良《げいりょう》一篇。広武君《こうぶくん》一篇。韓信三篇。

藝文志
哀樂緣事而發亦可以觀風俗知薄厚云序詩賦
爲五種
吳孫子兵法八十二篇 圖九卷師古曰孫武也臣於闔廬 齊孫子八
十九篇 圖四卷師古曰孫臏 公孫鞅二十七篇 吳起四十八
篇 有列傳 范蠡二篇 越王勾踐臣也 大夫種二篇 與范蠡俱事勾踐 李
子十篇 娷一篇 師古曰娷音女瑞反蓋說兵法者人名也 兵春秋三篇 龐
煖三篇 師古曰煖音許遠反又音許元反 兒良一篇 師古曰六國時人也兒音五奚反 廣
武君一篇 李左車 韓信三篇 師古曰淮陰侯
右兵權謀十三家二百五十九篇 省伊尹太公管子孫卿子鶡冠子蘇
子蒯通陸賈淮南王二百五十九種出司馬法入禮也 ○劉奉
世曰韓當作重九下又脫一篇字凡二百五十九恐合作五百

図2　『漢書』芸文志に記された呉孫子兵法・斉孫子。原本は国立歴史民俗博物館蔵の南宋黄善夫刊本。『国宝 漢書』（朋友書店、1977年）より。

これらの多くは、著者だとされる人物の名でまとめられている。つづく「兵形勢」は一一家。李零《りれい》の説によれば、基本原理を説く「兵権謀」に対して、具体的な戦術を示した本だというが、詳しくは分からない。「陰陽」は一六家で、戦いにかかわる占卜や予兆をあつかう。「技巧」は一三家、弓術・剣術・格闘・蹴鞠《けまり》など武術の教本である。さらに「兵書」以外の書籍分類のなかにも、軍事と内容的に関連すると明記された書籍が一〇点ばかり出現しており、「兵書」が複合的領域であったことを示している。

ここで問題になるのは、『史記』に孫武が一三篇の兵法を著したと記されており、今本『孫子』も一三篇であるにもかかわらず、『漢書』芸文志のどこを見てもそのような兵書が記録されていないことである。『漢書』に注釈を書いた唐《とう》の顔師古《がんしこ》（五八一―六四五）は、「兵権謀」の「呉孫子兵法八十二篇、図九巻」が呉の孫武の著で、「斉孫子八十九篇、図四巻」が斉の孫臏の著だとするけれども、篇の数があわない。この疑問が長らく解決できなかったことこそ、『孫子』の著者・年代に関する論戦がやまなかった理由のひとつなのである。

『孫子』研究の状況を大きく変えたのは、一九七二年四月、山東省臨沂《りんぎ》県（現在は臨沂市）銀雀山《ぎんじゃくざん》の前漢初期の墓の発掘である。墓はふたつあり、出土遺物の分析により、一号墓が前一四〇―前一一八年、二号墓が前一三四―前一一八年に作られたと推定された。これは前漢の武帝《ぶてい》（前一四一―前八七年在位）の治世の前半期にあたり、同じころ地中海世界ではカルタゴを滅ぼしたローマが勢力範囲を拡大させており、日本では弥生文化のころである。

一号墓・二号墓からは、陶器・漆器・貨幣・銅鏡などさまざまな副葬品が発見されたが、とくに注目されたのが、一号墓出土の約五〇〇〇枚という大量の竹簡だった。竹簡の多くは、長さ二七・五センチメートル（漢代の一尺二寸）、幅〇・五―〇・七センチメートル、厚さ〇・一―〇・二センチメートル、一枚ごとに隷書体《れいしょ》で平均一行三〇字あまりが記されて

図3　銀雀山漢墓竹簡の出土状態。汚泥と竹簡が一体化した状態で発見されたため、保存処理・整理・解読にはたいへんな労力を必要としたという。金谷治訳注『孫臏兵法』（東方書店、1976年）より。

いた。長期間汚泥のなかに埋もれ、とじていた紐は朽ち、ばらばらの状態で発見された保存状態の悪い竹簡の内容を、中国の研究者がたいへんな努力をはらって分類し、解読して順序を定めた結果、現在の『孫子』『尉繚子《うつりょうし》』『晏子春秋《あんししゅんじゅう》』『六韜《りくとう》』『管子《かんし》』の一部に相当する、兵書を中心とした写本群であることが判明した。これが銀雀山漢墓竹簡で、馬王堆漢墓《ばおうたいかんぼ》帛書《はくしょ》（一九七三年発掘）・郭店楚墓《かくてんそぼ》竹簡（一九九三年発掘）・上海博物館蔵楚《そ》竹書《ちくしょ》（一九九四年に香港のオークションで出現）などとならんで、二〇世紀後半の中国における古代文献の大発見のひとつに数えられる。隷書の書風その他を検討した結果、銀雀山の竹簡の書かれた年代は、文帝《ぶんてい》（前一八〇―前一五七年在位）・景帝《けいてい》（前一五七―前一四一年在位）の治世を上限とし、一号墓の作られた前一四〇―前一一八年ごろを下限とすることが分かった（**図3**）。

　銀雀山漢墓から出土したうち、今本『孫子』に対応する竹簡は一五三枚ぶん、多くは損傷がはげしく、欠損の多い断片であった。判読できた文字は約二七〇〇字、これは『孫子』全体の四割程度の分量でしかないが、写本としては現存最古であるため価値が高い。それればかりでなく、『孫子』以外にも、「孫子曰（孫子曰わく）」で書きはじめられ、従来全く知られていなかった多数の兵書の写本が見いだされた。しかも、その内容に孫臏と斉の威王《いおう》（前三七八―前三四三年在位）や田忌《でんき》（陳忌《ちんき》）との対話が含まれていたことから、〝孫臏兵法〟と命名された。文化大革命下の中国で、一九七四年におおまかな発掘報告がまず発表され、ついで一九七五年に、前半部に『孫子兵法』と『孫子』佚篇《いっぺん》（失われていた篇）、後半部に〝孫臏兵法〟という二部構成で写真版・注釈をまとめた報告が『銀雀山漢墓竹簡（壱）』として刊行されると、学界の強い関心をよぶことになる。余談をつけ加えておくと、文化大革命期に編まれた古典の注釈は、もとより厳しい政治的状況の制約下に置かれているが、概して学問的水準が高く、良心的に作られている。あふれかえる毛沢東《もうたくとう》思想賛美、あからさまに過ぎる曲解といった字面のうらに注意しつつ読みとくならば、近年の新しい著作より質的に信頼できるものが少なくないことに気づくであろう。

銀雀山漢墓竹簡の内容公開により、『孫子』の著者をめぐる疑問は、一挙に解決されたように見えた。さきに紹介した『漢書』芸文志の記述と照らしあわせ、やはり『孫子』はふたつあった、今本『孫子』一三篇の作者は伝承どおり呉の孫武で「呉孫子兵法《ごそんしへいほう》」に相当し、新発見の〝孫臏兵法〟の作者は斉の孫臏で「斉孫子《せいそんし》」にあたるのだ、こう考えるようになった人も少なくない。しかし、銀雀山から出土した竹簡写本の各篇に、これは孫武の著、これは孫臏の著と記してあるわけではない。また、孫武・孫臏の学派に属さない兵書が混入している可能性も否定できない。校訂者たちによる当初の分類作業は、まず竹簡写本のなかの「孫子曰（孫子曰わく）」で書きはじめられる諸篇、あるいは学説的に孫武・孫臏に近そうだと認められた兵書を取り出し、そのなかで内容・文体的に今本『孫子』に似ているものを『孫子』佚篇、そうでないものを〝孫臏兵法〟に仕分けるという困難なものだった。この最初の基準が必ずしも明確なものではなかったため、一九八五年に『銀雀山漢墓竹簡（壱）』の全面改訂版が出版されたとき、〝孫臏兵法〟だと認定された篇は一九七五年版の三〇からいきなり一六に減ってしまう。改訂版は、書き出しが「孫子曰」になっていない諸篇を〝孫臏兵法〟からはずし、別の学派の兵書であるかも知れないとみなす慎重な立場をとったのである。それどころか、改訂版の校訂者たちは、確実な〝孫臏兵法〟は「擒龐涓《きんほうけん》」・「見威王《けんいおう》（仮題）」・「威王問《いおうもん》」・「陳忌問塁《ちんきもんるい》」の四篇だけで、残りの一二篇に『孫子』佚篇が含まれている可能性も排除できないとまで言い、内容・文体による分類が決して厳密ではないことを認めている。つまり、どれだけの竹簡写本が『孫子』であり〝孫臏兵法〟であるのかさえ、確実でない。認定のずれについては、**表2**にまとめた。

そもそも、「呉孫子」が孫武の著、「斉孫子」が孫臏の著などと、『漢書』芸文志の本文のどこに書いてあるわけでもなく、唐代初期、七世紀の顔師古の注釈の説にすぎない。銀雀山

表2 『銀雀山漢墓竹簡（壱）』が『孫子』佚篇・〝孫臏兵法〟と認定した写本

	一九七五年版	一九八五年版
（甲）『孫子』佚篇とみなされたもの	一九七五年版（六篇） 呉問・【四変】・黄帝伐赤帝・地形二・程兵・【見呉王】	一九八五年版（五篇） 呉問・【四変】・黄帝伐赤帝・地形二・【見呉王】 （一九七五年版の「程兵」を除外）
（乙）〝孫臏兵法〟とみなされたもの	一九七五年版（三〇篇） 擒龐涓・【見威王】・威王問・陳忌問塁・篡卒・月戦・八陣・地葆・勢備・【兵情】・行篡・殺士・延気・官一・【強兵】・十陣・十問・略甲・客主人分・善者・五名五共・【兵失】・将義・【将徳】・将敗・【将失】・【雄牝城】・【五度九奪】・【積疏】・奇正	一九八五年版（一六篇） 擒龐涓・【見威王】・威王問・陳忌問塁・篡卒・月戦・八陣・地葆・勢備・【兵情】・行篡・殺士・延気・官一・【強兵】・五教法 （一九七五年版の「十陣」以下一五篇を〝孫臏兵法〟から除外し、新たに「五教法」を追加）

【 】を加えた篇名は、原竹簡に表題がないため、報告書の編者によって命名されたものである。

から孫武と孫臏のふたつの『孫子』が同時に出土したように決めてしまうのは、明らかにゆきすぎである。私見によれば、比較的信頼できるのは、金谷治が一九七六年に発表した以下の見解であろう。

今の『孫子』は、孫武の考えも入っているであろうが、それをうけた孫臏の思想を中心としてのちに整理されたものであろうとみるのが、穏当で有力な見かたである。そこで、もしこの通説の立場にたって新出の資料をみるとすれば、今の十三篇『孫子』と新しい『孫臏兵法』とは、実は「呉孫子」と「斉孫子」といった関係ではなくて、前漢末に八十九巻にまとめられた「斉孫子」の一部であるとみるべき可能性も生まれるわけである。

（金谷治訳注『孫臏兵法』所収「二つの『孫子』――『孫臏兵法』の翻訳にあたって」。傍点は筆者）

つまり、銀雀山から出土した『孫子』・〝『孫子』佚篇〟・〝孫臏兵法〟の全体が、『漢書』にいう「斉孫子八十九篇、図四巻」の一部だという可能性もある、というのだ。銀雀山の竹簡は、まさに斉の地域から出土したのだから、この考えはきわめて自然なものである。

金谷説にもとづいて、さらに推測を加え、左のように考えてみたい。

従来の一般的な説

今本『孫子』一三篇に対応する銀雀山漢墓出土竹簡――呉孫子

〝孫臏兵法〟だとされる銀雀山漢墓出土竹簡――斉孫子

金谷説をふまえた仮説

『孫子』と〝孫臏兵法〟両方の銀雀山漢墓出土竹簡

――斉孫子（斉系字体の写本か？）

漢代の朝廷の書庫に伝わっていた、呉の『孫子』系兵書
——呉孫子（南方系字体の写本か？）

まず、銀雀山漢墓から出土した『孫子』および〝孫臏兵法〟は、その全体が『漢書』芸文志にいう「斉孫子八十九篇、図四巻」と同じ系統の兵書だと考える。こちらは、孫武および孫臏の兵法を継承すると称していた斉の孫氏《そんし》学派により伝えられたものであろう。別に、いまは失われた南方呉の孫氏学派の兵書も漢代にはまだ残っており、それが「呉孫子兵法八十二篇、図九巻」だったのではなかろうか。「斉孫子」と「呉孫子」は、どちらも今本『孫子』一三篇を核としつつ、それぞれに補助的な諸篇を加え、全体が八十数篇に達していたと思われる。一三篇に補助的文献を加えた全体の数が、呉では八二、斉では八九だったのだろう。いまは完全に失われてしまった「図」は、これら諸篇の内容を図解したもので、各種の陣形、地形に応じた軍の展開、予兆の吉凶が描かれていたと推測される。篇や図の数が呉と斉で異なるのは、それぞれの地で別々に伝承されていたために生じたものだろう。

漢代に各地で伝承されていた文献は、まだ内容が統一されていない場合があった。『論語』の場合も、前漢の末に「古《こ》二十一篇、斉《せい》二十二篇、魯《ろ》二十篇」と篇数の異なる三種のテクストがあったことが知られている（『漢書』芸文志）。さらに臆測をたくましくすれば、ふたつの『孫子』は内容のみならず字体も異なり、銀雀山漢墓出土の竹簡写本は斉の系統の字

体、失われた「呉孫子」写本は呉の系統の字体で書写されていたのではなかろうか。このように考えるのは、近年発見されている南方の楚の竹簡写本が〝楚系文字〟と呼ばれる字体で書かれているからである（大西克也《おおにしかつや》「屈原《くつげん》の書いた漢字――戦国時代の楚の言語表記システムと国ごとの違い」、大西克也・宮本徹《みやもととおる》『アジアと漢字文化』放送大学教育振興会、二〇〇九年、所収）。

以上をまとめると、銀雀山漢墓出土の『孫子』および〝孫臏兵法〟と呼ばれてきた竹簡写本には、もともと明確な区別があったわけではなく、どちらも斉に伝わる「斉孫子」の一写本として作られ、前二世紀後半に副葬品として墓に入れられたものだというのが、私見である。ただし、以下の記述では『新訂 孫子』にあわせて、今本『孫子』と対応する諸篇のみを〝竹簡本〟と略称し、一九八五年版『銀雀山漢墓竹簡（壱）』にもとづいて言及することにしたい。

竹簡本が『孫子』研究においてきわめて貴重な資料であることは、言うまでもないが、利用にあたってはいくつかの点に留意しておかねばならない。第一に、さきにも述べたとおり竹簡本は今本『孫子』一三篇の四割程度の分量しか残っていないうえ、篇ごとの残りかたの差も大きい（図４）。地形篇が完全に失われているほか、残存字数の多い篇でせいぜい六割、少ない篇では二割である。このように欠損がはなはだしい以上、竹簡本は部分的な校訂の資料にしか使えない。第二に、竹簡本からは形篇がふたつ重複して発見され、研究者によ

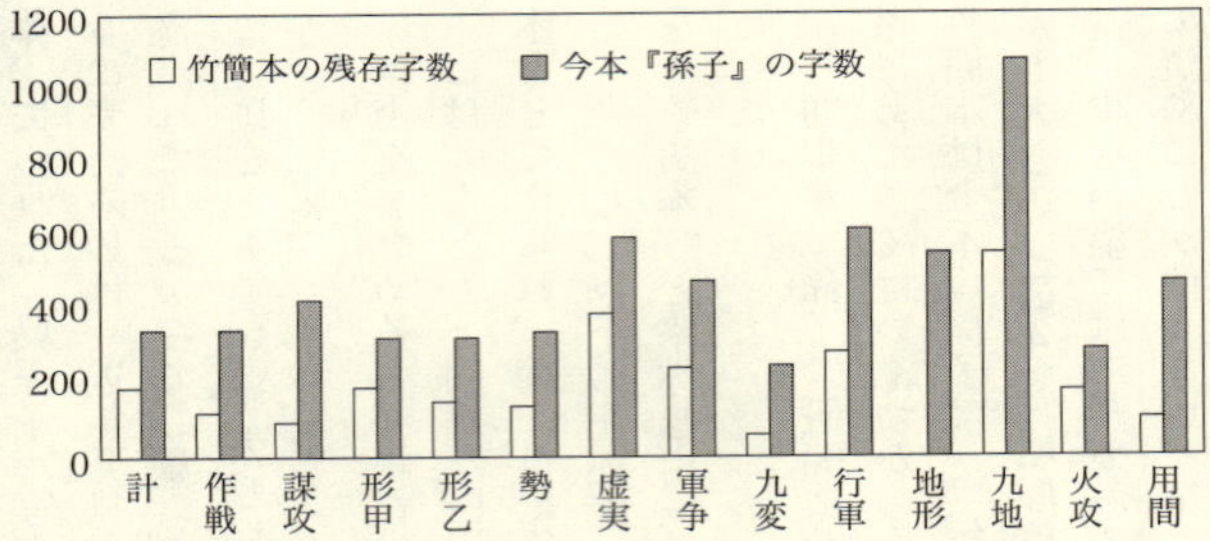

図４　銀雀山漢墓出土竹簡の残存字数と今本『孫子』の字数。竹簡本では形篇が重複しており、それぞれ形（甲）・形（乙）と研究者により命名されている。また、他の各篇と比べて、九地篇がとびぬけて長いことが分かる。地形篇は、竹簡本がみつかっていない。

ってそれぞれ甲・乙と名づけられている。しかも、この両者には少し文字の違いがあるので、前漢の初期、すでに『孫子』の異本があったことを証明できる。第三に、近年発見されつつある戦国時代や漢代の写本は、同じ書物が従来から伝承されている場合、それと比べてみると意外によく一致する。ときどき重大な異同もみつかるが、むしろ歴代の人びとが正しく原典を維持しようとしてきた努力が評価される。『孫子』の場合も同様で、唐代以降の写本・刊本を過度におとしめるのは正しくない。第四に、竹簡本はたしかに最古の『孫子』なのだが、決して『孫子』の原形態ではなく、戦国時代末期以降の改訂を経たものである。この点については、後で例を示しながら述べよう（五五頁）。

『孫子』の構成

今本『孫子』は全部で一三篇（一九頁、表1）。計篇が始計篇、形篇が軍形篇、勢篇が兵勢篇となっている場合もあるが、これらは篇名を二字にそろえるため後世に改められたものである。篇の並べかたは、開戦の可否を慎重に判断すべきことを説く計篇に始まり、関連する事項を順次とりあげて、スパイの重要性を説く用間篇に終わる順序が固定している。このような〝体系性〟は、『孫子』が一貫した構想のもとで執筆された著作だとする説の有力な根拠となってきた。

しかし、『銀雀山漢墓竹簡（壱）』で『孫子』と関連する可能性をもつとされる篇の数は、今本一三篇に五または六を加えると、少なくとも一八、多ければ一九になる（表2）。さきほど「斉孫子」と「呉孫子」はどちらも今本『孫子』一三篇を核としていただろうと言った。だとすると、『史記』に言う孫武の「十三篇」は今本『孫子』一三篇と同じなのか、それとも一部の篇が入れ替わるのか、配列の順序はどうだったのか、などの疑問は竹簡本そのものでは解けない。

手がかりを与えてくれるのは、竹簡といっしょに銀雀山漢墓から出土した『孫子』篇名一覧らしい木牘《もくとく》（文字が書かれた木札）である（図5）。この木牘も、竹簡同様に欠損がはなはだしく、解読されているのは図に示したような一部の文字にすぎない。この内容にもとづいて、漢代初期の『孫子』一三篇の配列を復元する試みがなされてきた。細かい推論の過程は省略し、李零の説によって木牘と今本『孫子』との各篇の順序を対照させてみる。

□刑
行□ …… □十五 九地
□□ 軍□ 用間
埶 実□ 火□
七埶 三千

図５　銀雀山漢墓出土の木牘。竹簡の内容が一覧できるよう、３段に５行ずつ『孫子』の篇名などが書かれていたらしい。前漢における『孫子』一三篇の配列を推定するための貴重な資料であるが、写真では文字の存在すらよく見えない。釈文は『銀雀山漢墓竹簡（壱）』（文物出版社、1985年）による。

（李零説）計、作戦、**勢**、形、**謀攻**、**行軍**、軍争、**実虚**、**九変**、地形、九地、**用間**、**火攻**

（今本）計、作戦、謀攻、形、勢、虚実、軍争、九変、行軍、地形、九地、火攻、用間

全体が李零の推定のとおりであったか否かは決められないが、木牘で用間篇と火攻篇の順序が今本とは逆になっているなどの点は明らかに読みとれる。今本『孫子』の配列は、必ず

しも動かしがたい安定性を持つものではない。

文体は均質なのか

ここで、今本『孫子』がほんとうに体系性をもって書かれているのかどうかを考えるために、文体と語彙が均質なのか、という問題を簡単に論じておきたい。もし同一人物が、一貫した構想のもとで作品を著したならば——意識的に変化させた場合を除き——文体や語彙の用法には共通性があるだろうと予想される。今本『孫子』は、均質な文体で書かれていると言われることが多いのだが、はたしてそうなのか。**表3**は、以下三つの特徴が、『孫子』一三篇にどう現れるかの分布である。

表3　今本『孫子』の文体の特徴

	一人称		例示			前置詞	
	吾	我	是故	故曰	故	若	如
計	○				○		
作戦	○				○		
謀攻			○	○	○	○	
形			○	○	○	○	
勢			○		○		○
虚実	○	○		○	○		
軍争			○		○		○
九変	○		○		○		
行軍	○				○	○	
地形	○	○		○	○	○	○
九地	○	○	○		○	○	○
火攻				○	○		
用間	○	○			○		○

(一)一人称代名詞「吾」「我」の使用の有無——『老子』に「特異な性格をもつ「我」もしくは「吾」という一人称代名詞が、突如として現われてくる」ことは、すでに注意されてきた(『老子 荘子《そうじ》』世界古典文学全集、筑摩書房、二〇〇四年、五一五頁の福永光司《ふくながみつじ》「『老子』解

説」)。じつは、この特徴は『孫子』にもかなりあてはまる。ただその出現状況は偏っていて、「吾」も「我」も使わない篇が五つ、「吾」「我」両方を使う篇が四つである。表には示さなかったが、具体的な用法までふみこんで調べてみると、主格に「我」を使っているのは、虚実篇・地形篇・九地篇の一部の段落だけに限られる。しかも、一人称代名詞主格として「我」が使われる一般的な条件、すなわち単複数の区別・資料の地域差などでは解釈できない(山崎直樹《やまざきなおき》「《左伝》における〝吾〟〝我〟による格表示の分裂の条件」『中国語学』二三八、一九九一年。大西克也「殷周時代の一人称代名詞の用法をめぐって」『中国語学』二三九、一九九二年)。一人称代名詞の使用に関して、『孫子』には異質の文体が混在していると見たほうがよさそうである。

(二)「故曰」と「是故」のどちらが出てくるか——さきに二三頁で述べたように、『孫子』は「故曰(故に曰わく)」「是故(是の故に)」「故(故に)」を頻繁に用いている。そのうち、「故」は各篇に必ず出てくるのだが、引用を示すらしい「故曰」「是故」の出現状況は、少し偏っている。「故曰」「是故」の機能上の区別が判明しておらず、明確な答えを出せないけれども、篇によって語彙の好みにちがいがあるのかも知れない。

(三)「~のようだ」という意味の前置詞「若」「如」のどちらが出てくるか——「~ごとし」と訓読される類義語「若」「如」には、全く別の問題がある。秦漢以前には、「若(上古中国語*njak)」はより古い文語、「如(上古中国語*njag)」はより口語的という文体的な使いわけが存在した（大西克也「出土文献から見た秦漢以前の「若」と「如」について」、神奈川大学『人文研究』一一二、一九九二年）。今本だけでみると、たとえば形篇では「若」、勢篇では「如」ときれいな使いわけがある。しかし、竹簡本では両篇とも「如」だけが用いられている。竹簡本で「如」を使っていた形篇が、どうして今本では「若」になっているのか。「若」と表記した異系統の本文があったのか、後世の書き換えなのか、はっきりとしない。

これら三点のほかにも、詳しく調査してみれば、『孫子』の言語の内部的差異・偏りはみつかるかも知れない。残念ながらまだ明快な結論は出せないのだが、今本『孫子』に異質の文体・表記が混在しており、言語的均質性に疑問があることは、作者・成立年代の問題を考えるにあたり意識しておくべきことである。

孫氏学派の形成

『孫子』がある人物の手で単独執筆されたとは必ずしも言い切れないならば、誰が書いたのだろうか。金谷治は、『孫子』および〝孫臏兵法〟の成立について、「孫氏《そんし》学派ともいうべき伝承のなかで育くまれたもの」（新訂一三頁）とみている。「孫氏《そんし》之《の》道《みち》」とも呼ばれる孫氏学派については、〝孫臏兵法〟「陳忌問塁」篇に、

〔孫子の兵法の有効性は〕呉と越で明らかになり、斉で論じられる。孫氏の道が分かったものは、きっと天地と一致する。

と出てくる。つまり、孫氏学派は、呉の孫武から斉の孫臏に受け継がれた学説を伝承すると主張していた。さらに〝孫臏兵法〟には、孫臏が斉の威王、斉の将軍田忌と軍事の議論をしおえた場面で、

孫子〔孫臏〕は退出した。弟子がたずねた。「威王と田忌という君臣たちの質問はどうでしたか」。孫子は語った。「威王は九つ質問をし、田忌は七つ質問をした。まあまあ軍事のことが分かっているけれども、道〔本質〕には至っていない。わたくしは、「ひごろから信ある者は栄え、義にしたがって軍事力を行使する。備えがないと〔敵に攻められて〕損害をこうむるが、ひたすら武力を追求する者は亡びる」と聞いている。斉は三代のうちに懸念される状態になるだろう」。　（「威王問」）

と〝弟子〟が出現しているので、この一段自体が弟子たちの伝承にもとづいて書かれたものだろう。斉は、「三代のうちに懸念される状態になる」という孫臏のことばどおり、威王の孫の湣王《びんおう》（前三二三―前二八四年在位）の時代に衰退した。したがって、〝孫臏兵法〟は、

この史実を知る孫氏学派の後継者の手で、あたかも孫臏の予言が実現したかのように書かれたのであり、成立年代は湣王の治世以降だろうと考えられている（一九七五年版および一九八五年版『銀雀山漢墓竹簡（壱）』の説）。孫氏学派は、孫臏の没したあと、前三世紀に入っても存在していたわけである。

孫氏学派は、〝孫臏兵法〟を書いたのみならず、『孫子』の本文にも手を加えた。その代表例として知られているのが、用間篇の竹簡本だけにみられるつぎの一四字である。

□衛師比在陘、燕之興也、蘇秦在斉。

〔……が勝ったときには？〕□衛師比《そつしひ》（？）が〔間諜《かんちょう》として敵地の〕陘《けい》に入りこみ、燕《えん》国が勃興したときには、蘇秦《そしん》が〔間諜として敷地の〕斉国に入りこんだものである。

（新訂一八四頁の注を参照）

衛師比（？）がいつの時代のどんな人物かは知られていないが、蘇秦が活動したのは前四世紀の後半だと推定されている。したがって、この一四字の存在により、竹簡本の本文に前三〇〇年ごろに手が加えられたことが分かる（浅野裕一『孫子』講談社学術文庫）。もっと大胆になるならば、つぎのように考えてもいいかも知れない。用間篇は前三世紀に書かれて

『孫子』一三篇のひとつとなった、後世の誰かが、春秋時代の孫武の著書に戦国時代の蘇秦が出てきては時代錯誤だと気づき、一四字を本文から抹消した、と。

また、『孫子』佚篇と呼ばれている「呉問《ごもん》」は、孫武と呉王の対話のかたちをかりて、晋国の有力貴族のなかでは范《はん》氏・中行《ちゅうこう》氏がまず滅び、さらに智《ち》氏、つづいて韓《かん》氏、魏《ぎ》氏の順で滅び、趙《ちょう》氏が最後まで残ると予言している。范氏・中行氏は前四五四年に、智氏は前四五三年に滅びた。その後は、晋が魏・趙・韓によって分割され、韓が前二三〇年、魏が前二二五年、趙が前二二二年に、いずれも秦によって滅ぼされている。このことから、「呉問」は孫武と全く関わりがなく、実際の歴史を知る者によって後世に書かれた可能性もあることが指摘されている（浅野裕一「十三篇『孫子』の成立事情」）。

もうひとつ例を加えておこう。かりに「見呉王《けんごおう》」と名づけられた竹簡写本には、孫武が初めて呉王に会ったとき、宮女を訓練できるかどうか試されたという『史記』の逸話（本書三二―三三頁）とほぼ同じ内容が記されている。ただ『史記』と異なる点もあって、孫子は「兵法に」と引用しながら自説を述べる。

兵法曰、弗令弗聞、君将之罪也。已令已申、卒長之罪也（兵法に曰わく、令《れい》せず聞かしめざるは、君将《くんしょう》の罪なり。已《すで》に令し已に申《かさ》ぬれば、卒長《そっちょう》の罪なり）。

兵法曰、賞善始賤、罰〔欠損〕（兵法に曰わく、善《ぜん》を賞するは賤《せん》より始む。……を罰す

る は……）

「命令を下さず指示をしていないとしたら、君主や将軍に責任がある。〔君主や将軍が〕命令したうえでさらにくりかえし徹底させているとしたら、〔部下が言うことを聞かないのは〕将校に責任がある」とか、「よいことをほめるには賤《いや》しい者から始め、〔悪いことを〕罰するには〔貴い者から始める〕」という「兵法」のことばは、今本『孫子』のどこにも出てこない。おそらく、一三篇以外にも兵書を数多く読んでいた孫氏学派の人物が「見呉王」を作ったのだと考えられる。

今本『孫子』のなかにも、孫氏学派による改訂が疑われる個所はある。はじめにも記したように、『孫子』は具体的なできごとに言及することが少ない。それなのに、呉と越の対立についてだけ、虚実篇（新訂八三―八四頁）・九地篇（新訂一五三頁）と、わざわざ二度にわたってふれている（本書三三―三五頁で紹介した斎藤拙堂説を参照）。これも浅野裕一が注意したことだが、〝孫臏兵法〟の「陳忌問塁」で、孫氏学派の実力は「呉と越」の戦いを通じて明らかになったと述べていることに目を向けると、今本『孫子』は呉越興亡の物語となじみのよいよう本文に手を加えられた――あるいは最初から書かれた――と考えることもできるだろう。虚実篇・九地篇をゆっくり読みすすめば感じとれるだろうが、越への言及はいかにも唐突なのだから。

『孫子』の著者について、金谷治の意見は、つぎのように慎重なものである。

著者は孫武として、十三篇のその原型はほぼ戦国中期の孫臏の前、あるいは同じころの成立と考えておくのがよいであろう。（新訂一三頁の解説）

ここでは、前四世紀の「原型」成立以後に手を加えられた可能性が否定されていない。おそらく、『孫子』は竹簡本・今本を問わず、古い原資料をもとにしながら、前三世紀ごろまで続いた改訂を経ていると想定してよい。さきに言及した石井真美子の『孫子』は「混乱した書」という判断も、この観点に立っている。山田崇仁が提出した『孫子』の成立年代が前三世紀にくだる可能性が高いとする見解（「N-gram モデルを利用して先秦文献の成書時期を探る――『孫子』十三篇を事例として」）――孫氏学派による改訂を想定すれば、この意見にも答えることができるのではないだろうか。

兵書のひろがり

学派の成立は、しばしば拠ってたつ文献群の形成と結びついている。中国における戦国時代は、まさにさまざまな教説と文献とを生んだ。兵法も例外ではなく、数多くの写本が作られたと思われる。

兵書の写本が流通するようになると、軍事知識を書物で学ぶ例も出てくる。戦国時代の趙《ちょう》括《かつ》（?—前二六〇）は、名将として知られた父趙奢《ちょうしゃ》が「書きのこした物を習い覚え」、「幼少より兵法を学び軍略を論じ」ていた（『史記列伝（二）』岩波文庫、六四頁）。家伝の兵法ばかりではない。前三世紀には、他国の権力者を訪れて兵書を献じれば、食客として自らを売りこむこともできた。『史記』信陵君《しんりょうくん》列伝には、「公子〔信陵君〕の威名は天下にひびき、諸侯の客から兵法の書を献《ささ》げてきたものには、すべて公子自身の名をつけた」（『史記列伝（二）』岩波文庫、二九〇頁）とある。このような状況のもとで、著名な軍師の教えを継承すると自称すれば、学派は充分維持できただろうし、仮託され偽作された兵書で諸侯に受け入れてもらうことさえ可能だった。

おおはばに兵書が増加するなかにあっても、『孫子』は埋没することなく高い権威を維持し、前三世紀の末ごろまでに、魏《ぎ》国の呉起《ごき》による『呉子《ごし》』と並称される代表的兵書になっていた。清の畢以珣《ひついじゅん》「孫子叙録《じょろく》」が調べたところでは、『史記』の登場人物たちはしばしば『孫子』のことばを口にしている。相手が『孫子』に目をとおしているという前提がなければ、こうした引用はあまり有効でない。韓非《かんぴ》（?—前二三四?）は、自らの時代の世相を批判して、「領内の民衆はみな軍事を語り、軒なみ孫子や呉子の兵法を所蔵しているが、しかも軍隊はますます弱い」（五蠹《ごと》篇。金谷治訳『韓非子（四）』岩波文庫、一九五頁）と言う。民衆はみな、軒なみ、というのは誇張だろうが、戦国時代の前三世紀に兵書が広く普及していた状況を前提に、司馬遷を始めとする漢代初期の著作家たちは『孫子』を自由に引くことができた。

とりわけ目にとまるのは、『史記』貨殖列伝の以下の一段である。

だから〔白圭《はくけい》のことばに〕「私が商売をするのは、伊尹《いいん》や呂尚《りょしょう》の政略、孫子・呉子のいくさのかけひき、商鞅《しょうおう》の厳罰政治と同じことだ。そういうわけで時勢の変化をみぬく知力の足りぬもの、決断する勇気が足りぬもの、取ったり与えたりする仁徳に欠けるもの、きめたことをやりとおす意志の力の欠けたもの、そういうひとたちには、私のやりかたを学びたいと思っても、決して教えないのだ」という。

（『史記列伝（五）』岩波文庫、一五七頁）

白圭は、孟子《もうし》（前三七二？―前二八九）と同時代の人、中国における商業の始祖とされる。貨殖列伝に引かれたそのことばは、孫子・呉子の兵法が、商業など軍事以外の分野にまで、すでに影響を及ぼしていたことを示唆する（J. Needham et al., *Science and Civilization in China*, vol. 5, pt. 6, p. 90）。

このような時代状況のもとでは、軍事の偏重を批判する論者であっても、兵書を読んだうえで自らの議論を組み立てざるをえない。儒家《じゅか》の思想家荀況《じゅんきょう》（前二九八？―前二三五？）

の『荀子《じゅんし》』議兵篇《ぎへい》には、趙《ちょう》の孝成王《こうせいおう》（前二六五—前二四五年在位）の前で、臨武君《りんぶくん》という人物（実名不詳）と軍事論をたたかわせる場面がある。王が、軍事でたいせつなことはなにかをたずね、臨武君は、天の時、地の利をつかんで、機先を制することだ、と答える。すると荀況は「わたくしが知る古来の道では、軍隊を動かして戦う根本は人びとをひとつにまとめることにあります」と批判し、民心の掌握を第一にあげる。臨武君は、軍事ではきっかけを巧みにとらえて優位にたつこと、相手の裏をかくことこそ重要だ、孫子・呉子はそれができたから無敵だった、民心の掌握などではない、と反論する。それに対して荀況は、「わたくしの道は、仁《じん》をそなえた人の軍隊、王たる者のめざす目標です」と言い返す。

この論戦で、臨武君は『孫子』軍争篇の「あいてよりも後から出発してあいてよりも先きに行きつく（人に後《おく》れて発して人に先きんじて至る）」（新訂九一頁）、「戦争は敵の裏をかくことを中心とし、利のあるところに従って行動し（兵は詐《さ》を以て立ち、利を以て動き）」（新訂九五頁）をよりどころにしている。対する荀況が語るのは、仁や王道という儒家の理念である。だが、その論拠として持ち出す「古来の道」もまた、『孫子』計篇《けい》の「道とは、人民たちを上《かみ》の人と同心にならせる（政治のあり方の）ことである。そこで人民たちは死生をともにして疑わないのである（道とは、民をして上と意を同じくせしむる者なり。故にこれと死すべくこれと生くべくして、危《うたが》わざるなり）」（新訂二八頁）ではないか。この論戦自体は虚構かも知れないが、注意せねばならないのは、荀況が、『孫子』を用いて『孫子』を論破するレトリックを仕掛けていることである。かれは、別の篇でこうも語る。

都市にたてこもる敵が外に出て戦ったとき、こちらが力で勝ってしまえば、敵の人びとにはひどい犠牲がでることになる。敵の人びとにひどい犠牲がでれば、かれらはこちらを強く憎むことになる。こちらへの憎しみが強ければ、戦おうとする敵意が日に日につのる。

（『荀子』王制《おうせい》篇）

それればかりでなく、力ずくで勝てば味方にも大きな犠牲が出る。その結果、自国の人びとも支配者を恨み、どんどん厭戦気分が広がってゆく。こうして、強いはずなのに弱体化し、領土は増えたのに人びとは離れ、失うものが大きいのに得たものは小さい、という状況がもたらされる。だからこそ、仁や義や威《い》によって、戦わずして勝ち、攻めることなく獲得し、軍事力を行使せずに天下がつき従う、そうした王道をおこなえとの主張である。これも『孫子』と共通したところのある考えかたである。

敵の城に攻めかけることになれば戦力も尽きて無くなり、〔だからといって〕長いあいだ軍隊を露営させておけば国家の経済が窮乏する。

（作戦篇、新訂三七頁）

軟弱は剛強から生まれる。（勢篇、新訂七〇頁）

戦闘しないで敵兵を屈服させるのが、最高にすぐれたことである。

（謀攻篇、新訂四五―四六頁）

つまり、手段を選ばずに戦って勝つ臨武君、戦いを避けて自らの理想を実現したい荀況、この相反する主張のよりどころが、両方とも『孫子』に含まれているのである。

『孫子』はどうして古典になったか

ここで、『孫子』が読まれつづけ、古典になった理由をあらためて考えてみたい。

まず思いつくのは、人間の集団が動いて、ぶつかりあうときの、最も基本的な要素だけを語っていることである。特定の時代の技術を前提にした説明、戦史上の実例、それらは『孫子』の限られた部分でしか出てこない。固有名詞もほとんどない。したがって、防御や攻撃の技術がいかに変化しようとも、どの時代におかれようとも、骨格は有効なままなのである。

さらに言えば、『孫子』はもともと万能であろうとしていない。暴力の起源はなにか、君主の持つべき徳性、兵士の養成、武器の生産や使用、補給の計算、死傷者の処置、なんのために戦うのか、勝ったあとをどう処理するのか、そうしたすべてを欠いていることは、『管《かん》子《し》』『商君書《しょうくんしょ》』など、兵法と重なる論述を含んでいる諸子百家の著作と比べてみれば、明らかだろう。『孫子』は、自らを肉付けしてくれる数多くの知識体系の存在を予定している。逆に、抽象的であったからこそ、後世に至って芸術論などに応用されることも可能だった。この点は、『孫子』の読書史を考えるうえで重要であるし、現在『孫子』を読むにあたっても忘れてはならない。

もちろん、基本的な要素だけを語っていれば、それだけで長い生命力を保つことができるというわけではない。『孫子』が思想の書ともなりえた理由のひとつは、荀況が取り出してみせたとおり、戦いを好まない態度が基調にあることだろう。このような態度の由来については『老子』がよく引かれる。以下、福永光司・興膳宏訳『老子　荘子』（世界古典文学全集、筑摩書房）によって示す。

> 無《む》為《い》自《し》然《ぜん》の道で君主を輔佐しようとする者は、武力で天下に強大ならしめようとはせず、その政治は根本の道に立ち返ろうとする。　（『老子』第三〇章）

> 武器というものは不吉なしろもので、君子《くんし》人《じん》の手にすべきものではない。どうしても使わねばならぬときには、無欲恬淡《てんたん》であるのが最上で、勝利を収めても、それを讃美しな

いのだ。もしも勝利を讃美するならば、それこそ人殺しを楽しむというものだ。いったい人殺しを楽しむようでは志を天下に得ることなどできないのだ。（同、第三一章）

『老子』第六九章には、「兵法」のことばも引用されている。「己れは主動者とならずに受身の立場に立て、一寸を進もうとするよりも一尺を退くようにせよ」と。

もちろん、『老子』が『孫子』に影響を与えたのだと簡単に言うことはできない。『孫子』の思想に学んで『老子』が成立したと考える何炳棣《かへいてい》のような研究者もいるからである。兵法と道家や儒家は、同じ時代に並び立ち、たがいに反発しあうとともに、必然的に他から学びとるところもあったのではないか。ただし、『孫子』に、「戦争は殺戮であり罪悪ではないのかという疑念」は存在しない（赤松明彦《あかまつあきひこ》『バガヴァッド・ギーター』岩波書店、二〇〇八年、五七頁と読みくらべていただきたい）。その点において、非戦論との隔たりは、厳然としてある。

秦による天下統一以後、『孫子』と孫氏学派がどのようになったかは資料がない。つぎに、漢代以降、『孫子』の読まれかたが変わっていく状況を見ることにする。

兵書と史書——漢代の『孫子』

漢代の兵法を語るうえで、どうしてもふれておかねばならないのは、秦の滅亡が天下に与えた衝撃の大きさである。秦は、中国史上で初めて中央集権体制を実現させた強力な帝国として前二二一年に成立し、わずか一五年後の前二〇六年に消え去った。しかも、秦軍が壊滅する最初のきっかけを作ったのは、陳勝《ちんしょう》・呉広《ごこう》の率いる農民反乱にすぎない。いまわれわれは歴史書を読み、まるで秦の滅亡が必然的であったかのように語ることができる。しかし、漢代初期の人びとは違っていた。かれらは、強大な軍事力と整った制度を持つ秦帝国を記憶しており、それが信じがたいほど脆かったのをまのあたりにし、なぜ短命に終わったのか解答を見つけねばならなかった。統一帝国という体制が本質的に長く続かないものなら、漢も遠からず同じ道をたどることになるからである。

このような危機意識の代表例として、賈誼《かぎ》（前二〇〇―前一六八）が秦滅亡の理由を分析した「過秦論《かしんろん》」をあげておきたい。劉安《りゅうあん》（前一七九―前一二二）『淮南子《えなんじ》』兵略訓《へいりゃくくん》にも、戦国時代の楚国、秦帝国など強国の滅亡を例にあげ、被支配者を餓えさせ凍えさせ窮乏させてはならない、政治には徳がなくてはならない、と説いた一段がある。漢代初期の人びとは、自分たちが秦に比べて、あるいは秦を倒したのち漢の高祖劉邦《こうそりゅうほう》に敗れた項羽《こうう》に比べて、卓越しているなどと得意げに語ったりすることはなかったように思われる。

さらに、前漢・後漢の四〇〇年を通覧して気づくのは、戦国時代のような兵書の氾濫《はんらん》現象が消え、ほとんど新しいものが書かれなくなったことである。太平の世になったからとか漢代の人は軍事的才能に劣っていたからという解釈はとれない。戦役は多かったし、すぐれた将軍も多く出ている。いまは、漢代から兵書が新しい形態をとりはじめた可能性だけ指摘しておこう。

『文心雕龍』諸子《しょし》篇に、つぎのような一節がある。

昔、漢の東平王劉宇《とうへいおうりゅうう》が諸子の書と『史記』を求めたとき、朝廷ではそれを許可しなかったが、それは『史記』には戦争の策略が多く記され、諸子の書には奇怪な学説がまじっているからである。

（興膳宏訳、二九三頁）

この話は、『漢書』宣元六王伝《せんげんろくおうでん》に詳しく出てくる。東平王の劉宇（？—前二一）が漢の朝廷に書物を求めたのは前三一—前二二年の間。当時、『史記』の完成から六〇年以上たっていたのに、朝廷では限られた者にしか読むことを許していなかった。「戦争の策略」を書いた準兵書として扱われたのである。

『史記』のこのような特質に気づいた人は、ほかにもいる。明《みん》末・清《しん》初の顧炎武《こえんぶ》（一六一三—一六八二）は、各種の学術に通じ、全国の実地考察もした、おどろくべき博学の人物だが、『史記』の戦史の記載が詳しく、地理記述も精密なことに感嘆している（『日知録《にっちろく》』巻二六「史記通鑑兵事《しきつがんへいじ》」）。兵書は、時間と空間を特定し、その場で軍隊がどのように動いたかを説明した歴史書や地誌に、かなりの程度に役割をゆずった。さらに、中国歴代の官僚の書いた大量の公文書のうち、軍事情勢について論じた文章には、過去の経験を引き、敵と味方の現状と将来とを的確に分析しているものが少なくなく、実質的な兵書である。漢代以降の兵法の盛衰をしっかり考えるには、これらさまざまの文献を視野に入れ、兵制の沿革も考えねばならない。古くからの〝兵書〟という範疇だけで、秦漢以後の兵法の流れをおさえきるのは、むずかしいのである。

文献資料の転換期——後漢から三国時代の『孫子』

といっても、漢代以降に『孫子』が忘れられたわけではなく、兵書の代表として読まれていたし、多くの人が内容に通じていた。後漢の最末期、魏の曹操《そうそう》（一五五—二二〇）は、「兵書や軍事的議論はずいぶん読んだが、孫武のものこそ深みがある」と評して、『孫子』一三篇の注釈を書いた。後世『魏武帝註孫子《ぎぶていちゅうそんし》』と呼ばれるもので、簡潔ですぐれた注として認められている（図6）。曹操の注は、〝孫臏兵法〟の断片も引用しているので、おそらく漢代までの種々の古兵法も参照して書かれたのだろう。今本『孫子』のテクストは、おそらくこの曹操注の定めた本文に源を発している。曹操注がどのようなものかは、第Ⅱ部の第一章・第二章をごらんいただきたい。また、曹操の謀臣賈詡《かく》（一四七—二二三）も『孫子』の縮約本を編んだと伝えられている。

他方、長江以南の呉の一帯では、孫武は呉の出身者だという伝説が、後漢の末までに定着していた（趙曄《ちょうよう》『呉越春秋《ごえつしゅんじゅう》』巻四）。孫武の墓だとされる塚の伝説、後漢末の人孫堅《そんけん》はどうやら孫武の子孫らしいという話、どちらもこの時期に流布しはじめている（『越絶書《えつぜつしょ》』巻二、『三国志《さんごくし》』孫破虜討逆伝《そんはりょとうぎゃくでん》）。おそらく、孫堅の一族が勢力を拡大し、三国の呉をうちたてる過程で、世に知られた名将孫武の声望を利用したのである。当然『孫子』は高い地位を与えられ、呉の初代皇帝孫権《そんけん》（一八二―二五二）が臣下に推奨する書物のひとつであった。注釈が、沈友《しんゆう》（一七七―二〇四）によって著されたと伝えられるけれども（『隋書《ずいしょ》』経籍志《けいせきし》）、残っていない。

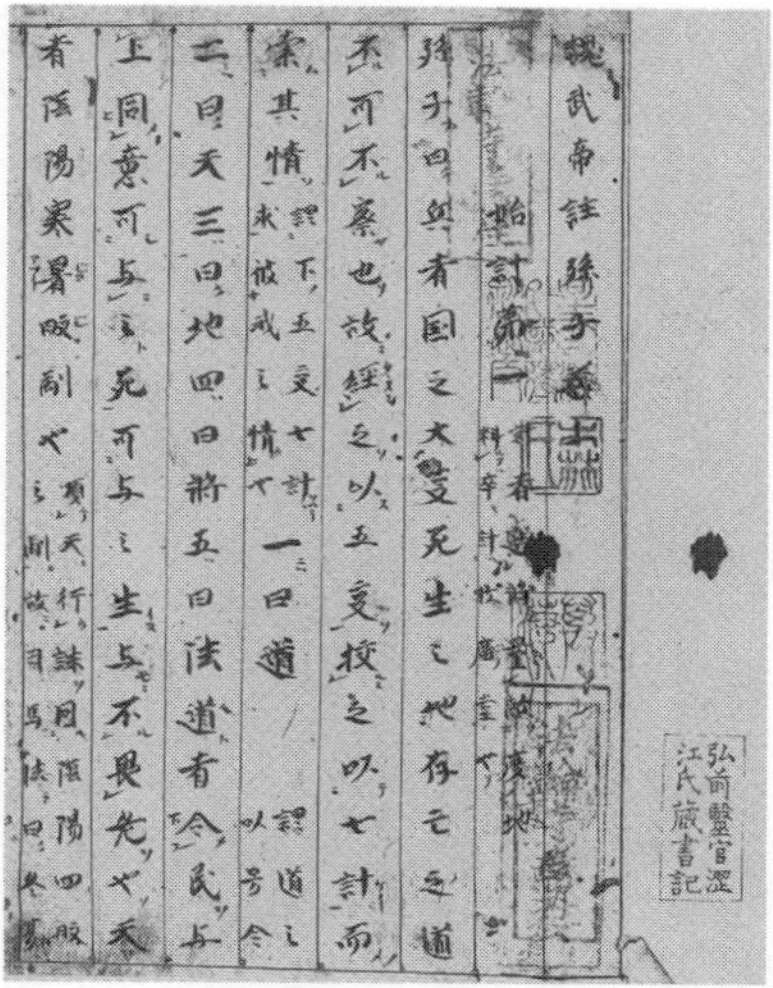

図６　天正８年（1580）写本『魏武帝註孫子』。禅僧宗伝が書写したもの。渋江抽斎旧蔵。国立故宮博物院（台湾）蔵。

つまり二世紀末から三世紀初には、中国の南北で『孫子』の注が書かれたことになる。中国の書物史についてのすぐれた概説、井上進《いのうえすすむ》『中国出版文化史』（名古屋大学出版会、二〇〇二年）に説かれているように、この時期は、文字を記録する媒体の主流がそれ以前の竹簡から紙に切りかわり、書物の著作・保存・運搬・入手が容易になりだした時代である。学問の伝承手段が、それ以前の口伝・暗誦から目で読む注釈へと移行を始めたことで、さまざまな古典の校訂や注釈が、大きな規模ですすめられていた。曹操らも、この注釈奔流の時代に身を置いている。

写本の時代において、注釈を作るには、まず本文を確定せねばならない。前にみたとおり、西暦紀元ごろには「呉孫子兵法八十二篇、図九巻」「斉孫子八十九篇、図四巻」があった。そこから『孫子』の中心となる一三篇だけを残すことに決め、古い写本にみられる内容の重複や不足を整理し、字体を規範的で読みやすいように統一し、注釈をつける、全部でこれだけの手順が必要になる。この作業の結果、身軽になった一三篇は一千数百年にわたる生命を保ちつづけ、別あつかいされた七〇篇ほどは徐々に散逸してしまった。これについて、曹操が八二ないし八九篇あった『孫子』の附加的部分を削って本来の一三篇にもどしたという説が唐代以来ある。そうではないだろう。北中国の曹操注が三巻で南中国の沈友注は二巻。あまり差のない巻の数から判断すると、沈友が注をつけたのも一三篇ではなかったか。必要度の低い篇をよりわけ、『孫子』の精華だけを残したのは、曹操個人の見識というより、後漢末という文献資料の転換期そのものの選択だったと思われる。

戦いのための実用書という色彩をうすくしていった『孫子』には、さきほど述べたように、芸術などの領域に応用されていく傾向が認められる。詞華集『文選《もんぜん》』に収められた作品には、『孫子』のことばを典故として用いたものが少なくない。とくに五世紀以降になると、動と静、形の把握できるものと形を超えたもの、正統と非正統のバランス——こうしたさまざまの問題を考えるきっかけとして『孫子』を用いることさえあった。このような転化は、『孫子』以外の中国兵書にはみられないものである。戦略の手引きという規定を大きくつきやぶり、理論的思考の枠組みをつくりあげる出発点ともなりえたことは、中国古典としての『孫子』の意味を考えるにあたり、もっと強調されなくてはならない。この点については、第Ⅱ部第三章でふれることにしたい。

新しい利用法——唐代の『孫子』

曹操らによって注釈が書かれたことは、『孫子』がすでに古典として認識され、孫武がはるか遠い歴史上の存在になっていたことを物語る。唐代において、その傾向はいっそう強まった。

上元《じょうげん》元年（六七四）、武の聖人である太公望《たいこうぼう》が武成王《ぶせいおう》という称号を皇帝からたてまつられ、王朝公認で祀《まつ》られたのとあわせ、歴史上の名将から秦の白起《はくき》、漢の韓信、蜀《しょく》の諸葛亮《しょかつりょう》、唐の李靖《りせい》と李勣《りせき》、漢の張良、斉の田穰苴《でんじょうしょ》、呉の孫武、魏の呉起、燕の楽毅《がっき》も「十哲《じってつ》」として祀られる。孫武は、兵法の神さまのような存在になったのだった。かつて三国の呉がそうだったように、高名な孫武の子孫を名のれば一族の対外的声望も高まる。かくて、孫武の末裔

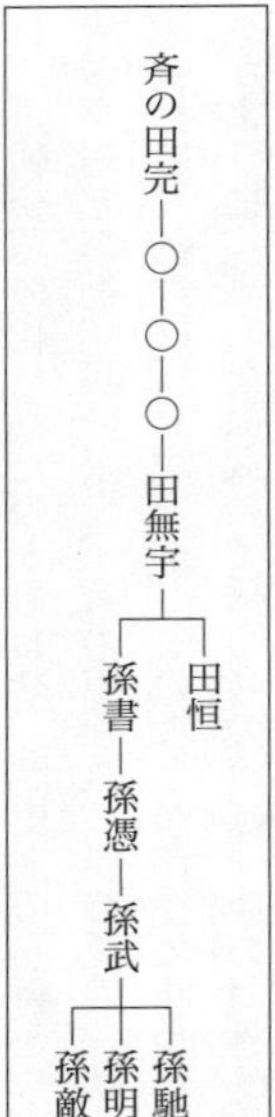

図7　後世につくられた孫子の「系図」

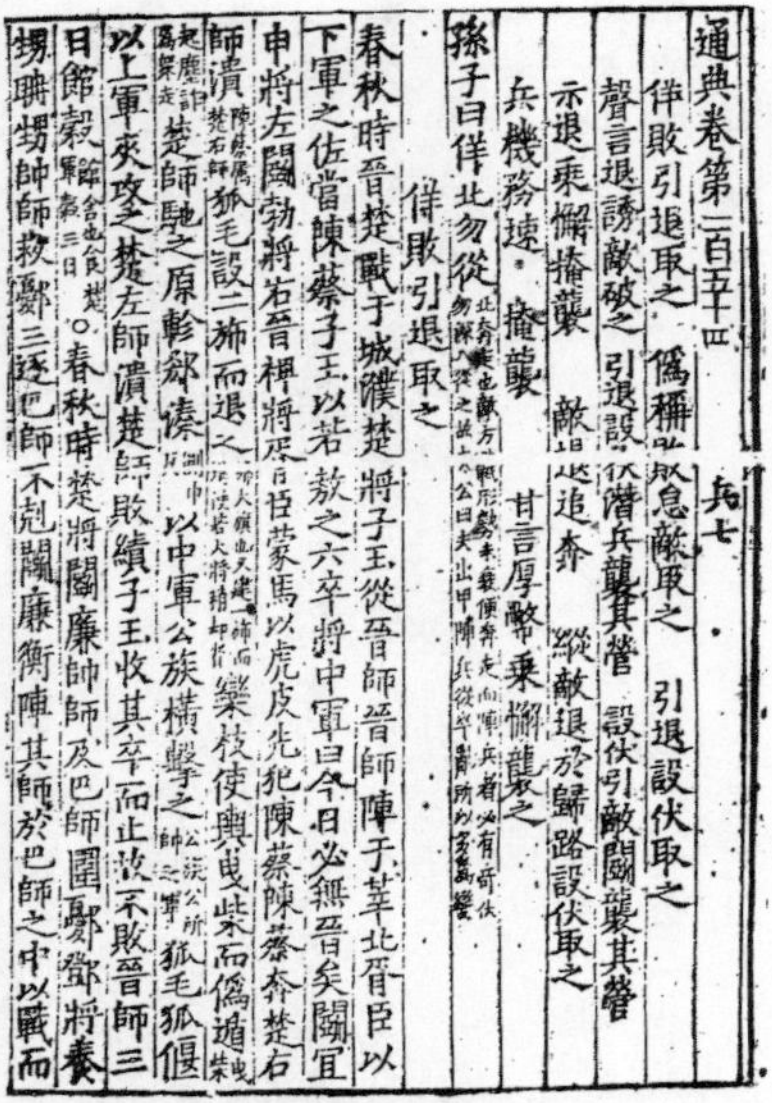
通典巻第一百五十四　兵七
佯敗引退取之　偽稱敗北急敵取之　引退設伏取之
聲言退誘敵破之　引退設伏潛兵襲其營　設伏引敵鬭襲其營
示退乘懈掩襲　敵退追奔　縱敵退於歸路設伏取之
兵機務速　掩襲　甘言厚幣乘懈襲之
孫子曰佯北勿從
佯敗引退取之
春秋時晉楚戰于城濮楚將子玉從晉師晉師陣于莘北胥臣以
下軍之佐當陳蔡子玉以若敖之六卒將中軍曰今日必無晉矣鬭宜
申將左鬭勃將右胥臣蒙馬以虎皮先犯陳蔡陳蔡奔楚右
師潰狐毛設二旆而退之欒枝使輿曳柴而偽遁
楚師馳之原軫郤溱以中軍公族橫擊之狐毛狐偃
以上軍夾攻之楚左師潰楚師敗績子玉收其卒而止故不敗晉師三
日館穀。春秋時楚將鬭廉帥師及巴師圍鄾鄧將養
甥聃甥帥師救鄾三逐巴師不克鬭廉衡陳其師於巴師之中以戰而

図８　唐の杜佑『通典』。この巻の主題は、『孫子』の「佯北勿従――佯北〔逃げるふり〕には従うこと勿かれ」（新訂102頁）。以下、敗北を装って敵をおびきよせた歴史上の例を各種の文献から摘録している。原本は宮内庁書陵部蔵。『北宋版通典（６）』（汲古書院、1981年）より。

が楽安《らくあん》（現、山東省）、富春《ふしゅん》（現、浙江省）、太原《たいげん》（現、山西省）、清河《せいか》（現、山東省）、昌黎《しょうれい》郡（現、遼寧省《りょうねい》）など中国の南北に分布していることになった。つじつまを合わせるために、系図をつなぎあわせ、各地の孫氏の移住の歴史がまことしやかに語られる。孫武の字《あざな》は長卿《ちょうけい》、古くは田《でん》氏で、祖父の書《しょ》の代から孫氏を称するようになった、孫武が呉に行ったのは斉の内乱を避けたからだ、孫臏は孫武の次男孫明《そんめい》の息子だ――このような話ができあがったのは、どうやら唐代の後半なのである（『元和姓纂《げんなせいさん》』、『新唐書《しんとうじょ》』宰相世系表《さいしょうせいけいひょう》三下。図7）。

しかし、『孫子』は知識人たちによって読みつがれていたものの、実用的兵書としてはもはや古すぎた。そこで、新しい使われかたが始まる。貞元《ていげん》一七年（八〇一）にできた分野別中国制度史である杜佑《とゆう》（七三五―八一二）『通典《つてん》』の「兵」の部門では、まず『孫子』の一節を掲げ、つづいて関連する戦史上の実例、参考すべき文献を摘録している。いわば兵法百科全書の綱要として『孫子』を使っており、そのできばえはたいへんすぐれている。唐代における『孫子』研究の代表作としては、まず『通典』をあげるべきだろう（図8）。杜佑の孫で、詩人としても名高い杜牧《とぼく》（八〇三―八五二）の『孫子』注は、百科全書化をさらにおしすすめ、祖父の注を適宜利用しながら、いささか煩雑だと感じられるほど多くの戦史上の実例をあげている。まるで、遠い古典となった『孫子』と現実との空隙を史実で埋めつくそうとするかのように。

唐代には、『孫子』と遁甲《とんこう》という神秘的な術、あるいは道教との関係の深まりもあるようだが、この問題については論じる能力がないので、『老子』を兵書として解釈した王真《おうしん》『道《どう》徳経論兵要義《とくきょうろんへいようぎ》』（八〇六―八二〇年の間に完成）が出てきたりすることのみ注意しておきたい。兵書と道家の親近性は、はるか戦国時代から認められるもので、そのため『孫子』はのちに道蔵《どうぞう》（道教経典の集成）に収められた。この道蔵本『孫子』は、一八世紀になって見いだされ、すぐれた本文という評価を受ける（九一頁）。

北宋における『孫子』の制度化

九世紀から一〇世紀後半にかけての唐末・五代《ごだい》の戦乱の期間、『孫子』の影はうすい。そのことは、二〇世紀初頭に敦煌《とんこう》から発見されたこの時期の大量の古写本のなかに含まれる兵書が『六韜《りくとう》』や唐の李筌《りせん》『閫外春秋《こんがいしゅんじゅう》』などで、『孫子』が一点も見つかっていないことでもうらづけられる。北宋《ほくそう》の初期、北辺の契丹《きったん》との戦闘が激しいあいだも、『孫子』はめだたなかった。

ところが、北宋の仁宗《じんそう》の治世に入り、一〇三〇年代にタングート人の西夏《せいか》（現在の寧夏回《ねいかかい》族《ぞく》自治区・甘粛《かんしゅく》省一帯にあった）との緊張が高まったことで軍事知識が重視されるようになり、それにこたえて梅堯臣《ばいぎょうしん》・王皙《おうせき》らの『孫子』の注が編まれたとされている（『郡斎読書《ぐんさいどくしょ》志《し》』）。しかし、『孫子』が有効だなどと、なお信じられていたのだろうか。北宋の文官たちの言論をみると、きちんと戦いの現状を分析した意見が出てくる。わざわざ古代の兵法を持ち出そうとする迂遠な者ばかりだったとは、信じがたい。書かれた注の内容も西夏との実戦など感じさせず、梅堯臣の注は歴代の『孫子』注釈のなかでも文章として質が高い、といった印象が残るばかりである。

『孫子』復興のほんとうのきっかけがなんであったかは分からないが、治平《ちへい》元年（一〇六四）、〝武挙《ぶきょ》〟と呼ばれる上級武官資格試験の科目として『六韜』『三略《さんりゃく》』『孫子』『呉子』『司《し》馬法《ばほう》』など兵書から出題する筆記試験も課そうという提案がおこなわれる。熙寧《きねい》五年（一〇七二）には、実際に『孫子』『呉子』などが武挙に出題され、武官養成機関である武学《ぶがく》で兵書の教育が始まった。これ以後、八〇〇年以上にわたり、『孫子』は武挙と武学という人材選抜制度を背景に読まれつづける。この前提が、以後の中国の注釈者たちに影響を及ぼしたことは、たいせつな点である。

武官の教育や試験に兵書を利用するにあたって問題になったのは、標準的なテクストすら定められていないことだった。元豊《げんぽう》三年（一〇八〇）、上記の五種に『尉繚子《うつりょうし》』『李衛公問《りえいこうもん》対《たい》』を加えた七点の校訂が命じられた（『六韜』『李衛公問対』は偽書だという意見が北宋の校訂の段階から出ており、『三略』『尉繚子』の真偽も疑われていた。この『六韜』偽書説は、銀雀山漢墓および定州《ていしゅう》 中山懐王墓《ちゅうざんかいおうぼ》から竹簡が出土したことにより、否定されている。「定州西漢中山懐王墓竹簡『六韜』釈文及校注」『文物』二〇〇一年第五期）。校訂作業がおわったのは元豊六年（一〇八三）以降のことであり、七点の兵書は「七書《しちしょ》（武経《ぶけい》七書）」と総称され、兵法の古典と位置づけられた。最も重いあつかいを受けたのは、もちろん『孫子』である。

北宋に刊行された『孫子』は現存しない。いま見られる『孫子』の版本で最も古いものは、南宋に刊行された三種類である。すべて、日本史で言えば平安時代の末期から鎌倉時代の初期、平治《へいじ》の乱から承久《じょうきゅう》の乱ころに出版されたものである。

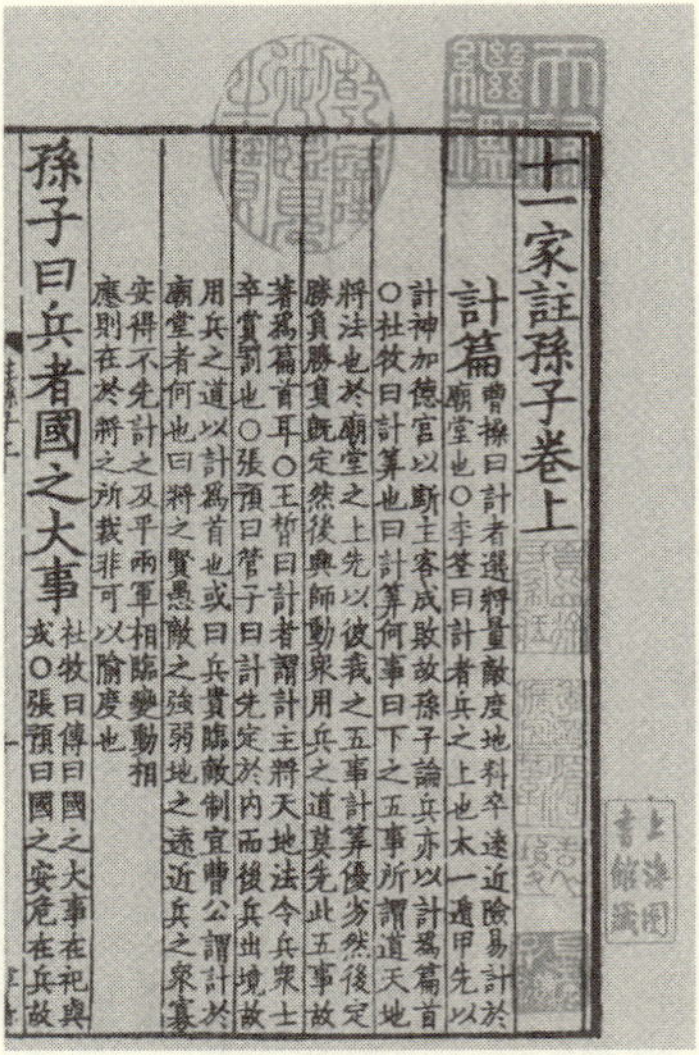
十一家註孫子卷上
計篇 曹操曰計者選將量敵度地料卒遠近險易計於廟堂也○李筌曰計者兵之上也太一遁甲先以計神加德宫以斷主客成敗故孫子論兵亦以計爲篇首○杜牧曰計算也曰計算何事曰下之五事所謂道天地將法也於廟堂之上先以彼我之五事計算優劣然後定勝負勝負既定然後興師動衆用兵之道莫先此五事故著爲篇首耳○王晳曰計者謂計主將天地法令兵衆士卒賞罰也○張預曰管子曰計先定於內而後兵出境故用兵之道以計爲首也或曰兵貴臨敵制宜曹公謂計於廟堂者何也曰將之賢愚敵之強弱地之遠近兵之衆寡安得不先計之及乎兩軍相臨變動相應則在於將之所裁非可以廟度也
孫子曰兵者國之大事 杜牧曰傳曰國之大事在祀與戎○張預曰國之安危在兵故

図９　南宋刊本『十一家註孫子』。現在みることのできる、最も古くすぐれた十一家註。原本は上海図書館蔵。『宋本十一家註孫子』（上海古籍出版社、1978年）より。

（一）孝宗《こうそう》（一一六二―一一八九年在位）の時代の『魏武帝註孫子』。原本は行方不明で、清の孫星衍《そんせいえん》による覆刻本（後述する平津館本《へいしんかんぼん》）がある。李零の意見では、三種のうち最も誤りが少ない。ただ（三）の『十一家註孫子《じゅういっかちゅうそんし》』と比べてみると、曹操の注の一部が省略されていることがある。

（二）光宗《こうそう》（一一八九―一一九四年在位）の時代の「武経七書」に含まれる『孫子』。原本は静嘉堂文庫《せいかどうぶんこ》（東京都世田谷区）蔵。注はついていない。

（三）寧宗《ねいそう》（一一九四―一二二四年在位）の時代の『十一家註孫子』。原本は上海図書館ほか蔵。魏の曹操、梁の孟氏《もう》、唐の李筌《りよう》・杜佑・杜牧・陳皞《ちんこう》・賈林《かりん》、宋の梅堯臣・王晳・何延錫《かえんしゃく》・張預《ちょうよ》の一一種の注釈一覧。この種の本は、編纂にあたって内容を省略するのが一般的で、注釈全文が残らず収録されているとは限らない。杜佑『通典』を注釈とみなさず、他の一〇人だけを数えて、十家註と称することもあるが、実質は同じである（余嘉錫《よかしゃく》『四庫提要弁証《しこていようべんしょう》』。図9）。

営利を目的とした全く新しい型の注釈、武挙・武学向けの学習参考書が出現したのも、この時代だった。それまでの注釈書が分かりきったことをいちいち言わないのと異なり、学習参考書は隅から隅までひととおり解説してくれる。また、試験によく出るところを詳しし、答案の形式・文体に似せた注釈になっているので、暗記しておけば受験にそのまま役立つ。どのような注釈の文体だったのか、南宋の代表的な参考書、施子美《ししび》（南宋の孝宗の時代、福州《ふくしゅう》の人）『施氏《しし》七書講義《しちしょこうぎ》』から、『孫子』地形篇「故に進んで名を求めず、退いて罪を避けず、唯《た》だ民を是《こ》れ保ちて而《しか》して利の主に合うは、国の宝なり」（新訂一三六頁）の注の一部を紹介してみよう。形式が分かりやすいように、改行を入れる。

尽忠於国者、乃以君民為心、　忠を国に尽くす者は、乃《すなわ》ち君民を以て心と為し、
択人於用者、必以忠臣為貴。　人を用《よう》に択《えら》ぶ者は、必ず忠臣を以て貴《とうと》しと為す。
臣之尽忠者、　臣の忠を尽くす者、
進而必戦、彼非貪名也。　進みて必ず戦うは、彼《か》れ名を貪《むさぼ》るに非ざるなり。
可進則進、進則利於国也。　進む可《べ》くんば則《すなわ》ち進む、進まば則ち国に利あるなり。
退而不戦、非畏罪也。　退きて戦わざるは、罪を畏《おそ》るるに非ざるなり。
可退則退、退則利於国也。　退く可くんば則ち退く、退かば則ち国に利あるなり。

平板な対句を多用したこの文体は、武挙の答案作成において要求された型で、中国語の散文としてはまことに凡庸で品がわるい。『施氏七書講義』は無学な者の使う俗書として中国ではだいじにされず、ほとんど残らなかった。絶大な影響を受けたのは日本で、鎌倉時代から江戸時代初期の中国兵書研究は、ほとんど『施氏七書講義』だけで語れてしまう。詳しくはつぎの第三章で説く。

以後も、武挙に『孫子』が出題されつづけているあいだ、新しく書かれる『孫子』の注釈は、武挙・武学の学習参考書が大部分をしめた。その多くは、時代の関心や出題傾向にあわせて、合格できる答案作成の手引きを提供しようとしたものである。対倭寇《わこう》、対匪賊《ひぞく》の戦いに有用だったと序文でたたえられる注釈もあるが、『孫子』だけで勝てるわけでもないだろう。

朱子学と本文校訂の態度

一二世紀に朱子《しゅし》（朱熹《しゅき》。一一三〇―一二〇〇）が現れ、元《げん》代から宋学《そうがく》が国家公認の学問となったことは、学習参考書にまで影響を及ぼさずにはおかなかった。朱子の学問全体からみると小さなことだが、決して見のがしてはならない学風の特徴は、古典の本文を不可侵なものとせず、合理的だと判断した場合はどんどん改訂することである。最も有名なのは『礼《らい》記《き》』大学《だいがく》篇の例で、北宋の程顥《ていこう》・程頤《ていい》が本文の錯乱を疑って加えた訂正を基礎として、段落の順序をおおはばに入れ替え、欠損があると推定した部分は朱子自ら書いて補った。これが現在みられる四書《ししょ》の『大学章句《だいがくしょうく》』である。原型と比べてみると、あまりのちがいに驚く。実質的には改作だと言ってよい（詳しくは金谷治訳注『大学・中庸』岩波文庫、一九九八年、一八頁）。

たとえ古典であっても、自分が正しいと判断できるならば、原文を改めてもかまわない。

朱子に代表される宋代の古典学の果敢さを受け継いだのが、明《みん》代の学術だった。『孫子』については、劉寅《りゅういん》『孫武《そんぶ》子直解《しちょっかい》』（一三九八年自序。『七書直解』のひとつ）がこの傾向を代表する。たとえば軍争篇の末尾に、つぎの一段がある。

故用兵之法、高陵勿向、背丘勿逆、佯北勿従、鋭卒勿攻、餌兵勿食、帰師勿遏、囲師必闕、窮寇勿迫、此用兵之法也。

故に用兵の法は、高陵《こうりょう》には向かうこと勿《な》かれ、背丘《はいきゅう》には逆《むか》うること勿かれ、佯北《しょうほく》には従うこと勿かれ、鋭卒《えいそつ》には攻むること勿かれ、餌兵《じへい》には食らうこと勿かれ、帰師《きし》には遏《とど》むること勿かれ、囲師《いし》には必ず闕《か》き、窮寇《きゅうこう》には迫ること勿かれ、此れ用兵の法なり。

（新訂一〇〇頁）

古来の注は、いずれも原文のままで手を加えない。しかし、劉寅は、元の張賁《ちょうほん》の説を引き、この部分はもともと九変篇の冒頭にあったのだと考え、原文を移動させる（新訂一〇一―一〇二頁）。あくまでも原典を尊重すべきだという慎重論には、つぎのような論理で反駁した。

「一つの句があれば、あるがままにその句を解釈するものだ、どうして改訂しなくてはならないことがあるものか」と言った人がいる。そうだとすれば、『大学』『中庸《ちゅうよう》』が『礼記』にまぎれていても、程子《ていし》〔程顥・程頤〕や朱子はそれを指摘する必要はなかったし、『書経《しょきょう》』武成《ぶせい》篇に錯簡があっても、蔡沈《さいちょう》は訂正する必要がなかっただろう。旧説にそのまま従って、その場はしのぐことができても、見る人が見たときにどうするつもりか。

蔡沈も、朱子の学説を受け、『書経』の本文に手を加えた人物である。劉寅の議論は、宋学による経典改変は完全に妥当だったという前提にたたないと成立しない。原典がまちがっている、わたしが正しい。思い切りのよさは、たしかに爽快である。しかし、言語は時間とともに変化し、著述の体裁も古今で異なる。朱子は文献学者としても優秀な人物だったし、多く読み、熟慮して判断しようとするが、それでも大胆すぎることはある。後学のなかにはただ独断的なだけの者も出てきた。資料調査の不徹底、限られた読書範囲、自己の語感を過信した著述態度、これらは一見〝合理的〟な、誤った解釈を生みやすい。明代の『孫子』注釈に共通する欠点である。

本文改訂の態度のみならず、劉寅の解釈そのものにも、宋学的な要素は入りこんでいる。たとえば、「兵書は〔儒学の正道から離れた〕異端の言論ではない。異端の言論とは、人びとをあざむき惑わせるものである。兵書は、不幸な戦乱をしずめる道である。国を支配する者はよく検討しないわけにはいかないし、将たる者は学ばないわけにはいかない」と、兵法と儒学の親縁性を強調しており、それゆえ計篇冒頭部の「道」（新訂二六頁）は、仁義《じんぎ》礼楽《れいがく》孝悌忠信《こうていちゅうしん》の八つの徳目を意味するという。引用文献として、『孫子』の各種の注や兵書以外に、『易経』『書経』『詩経』『春秋左氏伝』『春秋胡氏伝《こしでん》』『論語』『孟子』『中庸』『資治通鑑《しじつがん》』『綱目《こうもく》』『宋鑑《そうがん》』『元史《げんし》』がならぶこと、さらには口語文の発想で書かれた注釈の文体も、宋学的色彩がきわめて濃い。一四世紀のおわり、元末明初のころは、かなりはっきりと兵法と儒学の接近を認めうる時代だったが、劉寅もその有力な例のひとつになる。中国の『孫子』注釈史で、少なくとも元代以降の六〇〇年のあいだ、『孫武子直解』ほどに重要な転換点はない。

女真・西夏への影響

北宋からおこなわれた武挙制度、兵書からの出題は、周辺諸民族の国家にも影響を与えた。意外なことに、間接的ながらその余波はヨーロッパまで及ぶことになる。

契丹《きったん》（遼《りょう》）が契丹文字を作った一〇世紀以降に、『孫子』を翻訳したかどうかは、分からない。女真《じょしん》人の金《きん》は、泰和《たいわ》元年（一二〇一）に『孫子』『呉子』を武挙で出題しており、そのときまでに女真語訳が作られていた可能性はある。明代にあった女真語訳『孫子』『呉子』は、金代の訳書を原型としていたかも知れない（小倉進平《おぐらしんぺい》著・河野六郎《こうのろくろう》補注『増訂補注朝鮮語学史』刀江書院、一九六四年）。

現存する『孫子』の翻訳として世界で最も古いのが、西夏語《せいか》訳である（図10）。

西夏語は、現在の中国寧夏《ねいか》回族《かいぞく》自治区を中心とする地域にあった、タングート族を支配層とする帝国、西夏で一一―一三世紀に用いられた書きことばで、系統的にはチベット・ビルマ語派に属するとされる。漢字の構成原理も参考にして作られた西夏文字（一〇三六年に公布）で表記された文献が残っており、そのかなり多くが中国文献からの翻訳である。西夏語資料が大量に見つかったのは、一九〇八年にロシアのコズロフの探検隊が黒水城《こくすいじょう》遺跡（中国

図10　西夏語訳『孫子』。大きな字は、行軍篇の「旌旗動者」から「失衆也」までの本文の西夏語訳（新訂123頁）。小さな字の割注は、唐の杜牧の注の訳文。第Ⅱ部第４章（264-265頁）参照。『俄蔵黒水城文献（11）』（上海古籍出版社、1999年）より。

内モンゴル自治区にある）を発掘してからで、イワーノフ、ネフスキー、ソフロノフ、クチャーノフ、龔煌城《きょうこうじょう》、李範文《りはんぶん》、史金波《しきんは》らにより解読の努力が続けられてきた。日本では西田《にしだ》龍雄《たつお》の貢献がとくに重要である。

西夏語訳『孫子』は、現在はサンクト・ペテルブルクの東方学研究所に二点の残巻が所蔵されており、両方の残っている部分を合わせれば、軍争（一部）・九変・行軍・地形（一部）・九地（一部）・用間（一部）の各篇本文とそれに対応する曹操・李筌・杜牧の注、さらに『史記』孫子伝（一部）を西夏語で読むことができる。訳本は木版印刷なので、ある程度の数が刷られたと思われるが、いつごろ、なんのために訳されたか、正確には分からず、時代的状況から推測するしかない（二五三―二五四頁参照）。

これまでの研究によって、西夏語訳は、ところどころ古い特徴を伝えていることが分かっている。まず、現存する漢文『孫子』で曹操・李筌・杜牧の注だけがついているものはない。また、細かく検討してみると、前章冒頭で紹介した軍争篇「其疾如風（其《そ》の疾《と》きこと風の如し）」に対する李筌の注は、『十一家註孫子』では「進退也。其来無跡、其退至疾也（進退なり。其《そ》の来たるや跡《あと》無く、其の退くや至りて疾《と》きなり）」の一二字全体とされているが、西夏語訳では「進退也」の後に「杜牧が言う」に相当することばが挿まれており、「其来」以下九字が本来は杜牧の注だったことが分かる。西夏語訳がもとづいた原本は、一一世紀の中国北方で流布していた『孫子』注の一種にちがいない。西夏語訳『孫子』の内容については、第Ⅱ部第四章で簡単な紹介を試みる。

満洲語訳からフランス語訳へ

元《げん》をたてたモンゴル人が『孫子』を翻訳したかどうか、現存する資料からは確かめられない。満洲人の清《しん》は、明の制度を踏襲《とうしゅう》し、武挙によって上級武官の選抜をおこなったが、その出題には少し変化があった。建国したばかりの清は、とりあえず明代の制度どおりに「七書」を出題している。やがて、武官であっても儒学の基礎的教養が必要だと認め、康熙《こうき》四八年（一七〇九）から新たに『論語』『孟子』を課すようになった。それと同時に、兵書の出題範囲を『孫子』『呉子』『司馬法』（「武闈三子《ぶいさんし》」と言う）だけにしぼり、翌四九年（一七一〇）にはこの三点の満洲語訳・蒙古語訳を完成させている。これだけならば、試験範囲が変わった、清朝が満洲語・漢語の二言語使用の原則にもとづいて中国の基礎的文献を訳した、という一挿話で終わってしまう。この満洲語訳本がさらなる広がりを持つのは、一八世紀ヨーロッパに『孫子』が紹介されるきっかけを作ったからである。

一六世紀の後半から、イエズス会が東アジアでキリスト教の布教を開始したことはよく知られている。日本の各地で有力な大名を信徒としたように、宣教師たちは明代末期の中国でも知識層官僚と交渉を持つ。崇禎《すうてい》一七年（一六四四）に明が滅びると、新しい清朝の権力の中枢である満洲人の皇族や貴族に接近する必要上、北京の宣教師たちは、満洲語の会話や読

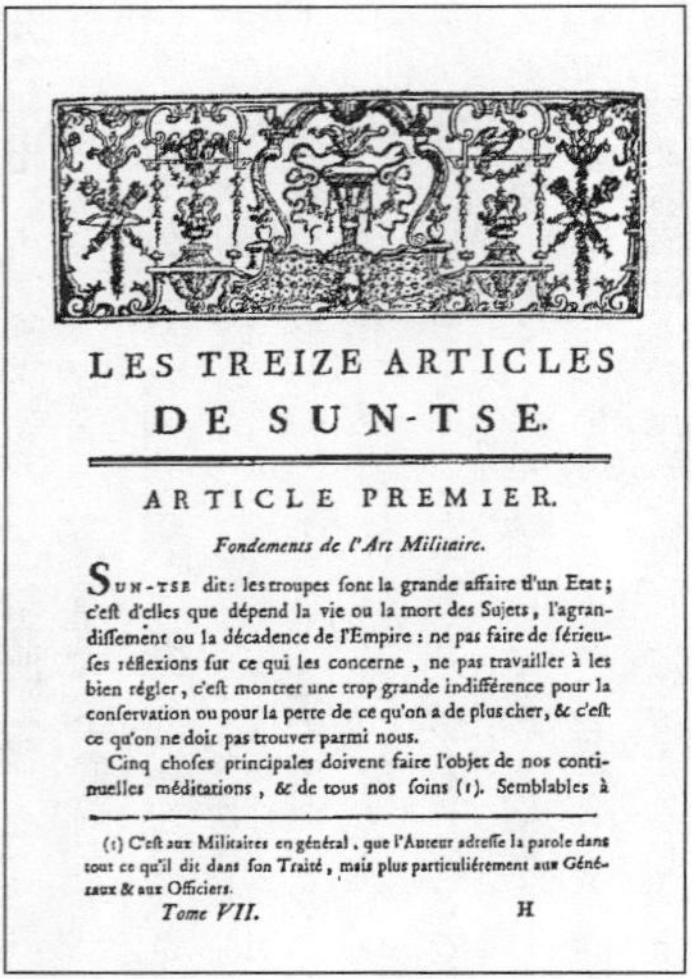
LES TREIZE ARTICLES
DE SUN-TSE.

ARTICLE PREMIER.

Fondements de l'Art Militaire.

SUN-TSE dit: les troupes sont la grande affaire d'un Etat; c'est d'elles que dépend la vie ou la mort des Sujets, l'agrandissement ou la décadence de l'Empire : ne pas faire de sérieuses réflexions sur ce qui les concerne, ne pas travailler à les bien régler, c'est montrer une trop grande indifférence pour la conservation ou pour la perte de ce qu'on a de plus cher, & c'est ce qu'on ne doit pas trouver parmi nous.

Cinq choses principales doivent faire l'objet de nos continuelles méditations, & de tous nos soins (1). Semblables à

(1) C'est aux Militaires en général, que l'Auteur adresse la parole dans tout ce qu'il dit dans son Traité, mais plus particuliérement aux Généraux & aux Officiers.

Tome VII. H

図11 『北京イエズス会士紀要』第７巻(1782年)。アミオによるフランス語訳『孫子』が再録されている。上は計篇の冒頭部。

み書きに熟達するようになった。フランス人宣教師のジョセフ＝マリー・アミオ（一七一八―一七九三。中国名は銭徳明《せんとくめい》）などは、満洲語辞典まで編纂している。アミオは、ヨーロッパ世界に中国文化を紹介し、布教の意義を認めさせる活動の一環として、満洲語版にもとづく『孫子一三篇 *Les Treize Articles de Sun-Tse*』のフランス語訳にとりかかり、乾隆三一年（一七六六）に完成させた。この原稿がパリに運ばれて出版されたのは、翻訳完成六年後の一七七二年。アミオは『呉子』『司馬法』のフランス語訳も完成させる。つまり、アミオは『孫子』の兵法の軍事理論的価値に着目して訳したわけではない。清朝の制度をヨーロッパへと体系的に紹介する努力をつづける過程で、武挙に出題される「武闈三子」の翻訳が必要だと認めたのである。この三点の兵書のフランス語訳は、一七八二年の『北京イエズス会士紀要』第七巻にも再録された（図11）。ともあれ、一七七二年、一七八二年の二度にわたる出版こそ、東アジア世界以外に『孫子』が紹介されたはじめである。

イエズス会士たちが一八世紀ヨーロッパに紹介した中国古典の多くが、原典の忠実な翻訳ではなくパラフレーズであったことは、かつて後藤末雄《ごとうすえお》『中国思想のフランス西漸』によって示された。『孫子』の場合も例外ではない。試みに、一七八二年版によって計篇の冒頭を訳せば、つぎのようになる。

> 孫子は言う。軍隊は、国家にとって大きなことである。軍隊にこそ、臣民が生きるか死ぬか、帝国が存続するか衰退するかが関わっているのだ。軍隊について真剣に熟慮しない、あるいはしっかり解決しようと努力しないのは、最も大切なものが保たれるか損なわれるかについて、あまりに無関心であることを示している。そんなことは、断じて、私たちの中で見いだされてはならない。
>
> （傍線は筆者）

『孫子』の原文と対応しているのは一部だけで、残りの部分（傍線部）はアミオ自身による補足である。アミオ訳『孫子』に対しては、原文の翻訳と訳者の補足とが混在し、問題があるという批判がかつて提出された（S・B・グリフィス）。そうではなくて、原典を自由に書きかえ、どんどん話をふくらませるところこそ楽しいという受けとめかた（J・ミンフォード）が出てきたのは、近年になってである。

アミオが話をこしらえたらしい例として、かれによる孫子伝の一部を紹介してみよう。

呉の王は、楚の王・オルの王〔魯王〕とのあいだにさまざまな紛争を抱えていた。いまにも開戦しようとして、〔呉と楚・魯の〕双方が準備をおこなっていた。孫子は、なにもしないままでいたくはなかった。傍観者でいるのは自分にふさわしからぬことだと信じ、軍での地位を得るために、孫子は呉王のところに自薦して出た。

孫武が呉に行った動機など、『史記』にはなにも書いていない。「オルの王」に至っては、呉王の名〝闔廬 Ho-lou〟を地名だと誤解し、さらに Ho-lou は魯 Lou と同じだと思いこんだゆえの誤りである。この後、呉王が孫武に宮女を訓練させ軍師としての力量を試みる話になるが、なぜ王がそのような奇妙な課題を思いついたのか、やはり『史記』にない動機の説明までされている。

王は、ふだんの宮廷での娯楽がいささか退屈だと感じはじめており、なにか新しい種類の娯楽を見つけるために、この機会を利用しようとした。「ここに私の女たちを一八〇人連れて来い」。王が指示したとおり、妃たちが現れた。妃たちの中には、王が心から愛しているふたりがいた。彼女たちは、他の者たちの先頭にいた。

さらに、孫武が妃たちに指示を与え、彼女たちの命令違反がたびかさなるため、責任者として王の愛妃ふたりを殺害した場面はこうなる。

王は、このうえない悲しみにうちひしがれ、心の底からため息をついて、「私は失ってしまった」と言った。「私はこの世界で最愛のものを失ってしまった。この外国人〔孫子〕を、自分の国に帰らせろ。私はこの男を必要としないし、この男の助けも必要としない。おまえはなにをしたのだ、この野郎。私はこれからどうやって生きていけばよいのか」と。

王がどれほど悲嘆に暮れようとも、時の流れと状況とが、やがて王に不幸を忘れさせた。敵の国々が呉に攻めかかると、呉王は再び孫子を招いて将軍とし、それによって楚王を打ち破った。

呉王が怒って孫武を追放したとか、国の危機に直面して孫武を呼びもどしたとかいう話は、もちろん『史記』にないし、一七世紀の『東周列国志演義《とうしゅうれっこくしえんぎ》』など歴史小説にも出てこない。これはアミオの書いた孫子物語なのである。アミオによれば、翻訳の主たる底本は満洲語訳、あわせて漢文版を参照したというのだが、漢字を見ていれば闔廬 Ho-lou と魯 Lou の混同など決して起きない。おそらくアミオはもっぱら満洲語訳を頼りとして、注釈的な附加部分と本来の原文とを区別せずにフランス語訳し、さらに自分の創作を加えたのではないだろうか。残念ながら、どの部分が満洲語訳に由来し、どの部分がアミオの創作なのか、筆者には分からない。くり返しになるが、一八世紀フランスの思潮に少なからぬ影響を与えたとされる清朝初期の在華イエズス会士の翻訳が、満洲語を媒介言語とし、満洲人の視点・解釈というスクリーンごしの「中国」像という一面を持つことは、注意しておいていいだろう。支配者として君臨していた満洲人たちが内心では中国のことをどう思っていたか、その本音がイエズス会士たちの報告に影を落とし、ヨーロッパに伝えられていった可能性もある。

ついでながら、アミオ訳『孫子』が一八世紀ヨーロッパの戦略思想に影響をおよぼしたという説は、どうやら一九二〇年ごろにフランス軍のショレ中佐あたりが言いだしたらしく、根拠のないままに広まったものである（E. Cholet, *L'art militaire dans l'antiquité chinoise*, 1922）。ナポレオンなどが読んでいれば話がおもしろくなるし、『孫子』が世界的価値をもつことになるという願望の所産であろう。

清朝考証学による貢献

ところで、現存する『孫子』の最善のテクストとして七六頁であげた南宋刊本三種は、長いあいだ、ごく限られた人しか目にできないものだった。世間によく出回っているのは武挙向けの学習参考書ばかりで、『十一家註孫子』（十家註）でさえ誰もがみられたわけではないらしい。したがって、素性の正しい『孫子』本文をきちんと読む機会は、少なかった。そのためなのだろうか、一八世紀までに編まれた中国の辞書に、『孫子』から採った例文はまず現れない。古典文献にみえる訓詁《くんこ》を集大成した『経籍籑詁《けいせきせんこ》』（一八一二年刊）は、『孫子』の曹操注さえ採録していない。

　信頼のおけるしっかりした『孫子』を、比較的容易に読めるようにしたのは、清の孫星衍《そんせいえん》（一七五三—一八一八）の功績である。孫星衍は、江蘇《こうそ》省陽湖《ようこ》（現、常州市）出身の官僚で、考証学者としての主著に『書経』の注釈『尚書今古文注疏《しょうしょきんこぶんちゅうそ》』がある。かれは道教経典の集成である道蔵《どうぞう》に収められた『孫子十家註』を発見し、多くの文献を参照して綿密に校訂したうえで、嘉慶《かけい》二年（一七九七）に岱南閣《たいなんかく》叢書に収めて刊行、同五年（一八〇〇）には宋刊本『魏武帝註孫子』を平津館《へいしんかん》叢書のひとつとして覆刻している。孫星衍の校訂は、考証学者としての本領をぞんぶんに発揮し、さまざまな典籍に引用された『孫子』の断章を比較しながら結論を下しており、明代の諸注釈とは次元を異にする。資料的な限界、あるいは判断の誤りなども指摘されるが、一八世紀末以降の『孫子』研究は、孫星衍の業績を無視して語れない。かれがこれほど『孫子』に執着した一因は、かなり夢見がちな性格ゆえに、自分は孫武の子孫だと信じたことにあった。そのため、岱南閣本に添えられた畢以珣《ひついじゅん》「孫子叙録」は価値のある研究だが、孫武の伝記や家系の部分だけは、孫星衍個人の情念と矛盾しない、甘い考証になっている。

孫星衍による校訂出版を利用して、さらに深い本文研究にとりかかったのが、清朝の古典学の最高水準を代表するひとり王念孫《おうねんそん》で、数は少ないながら、するどい解釈を示した。たとえば、謀攻篇の、

敵則能戦之、少則能逃之、不若則能避之。

敵《てき》すれば則《すなわ》ち能《よ》くこれと戦い、少なければ則ち能くこれを逃れ、若《し》かざれば則ち能くこれを避く。（新訂四八頁）

に出てくる三つの「能」は、文法的にとても読みにくいものだが、おかしいのではないかと指摘されることさえなく放置されていた。王念孫は、春秋戦国時代に「能」を助辞「乃（乃《すなわ》ち）」と同じように用いている例などを示し、本文をつぎのように改める（王念孫『読書雑志《どくしょざっし》』巻四之一三、子の王引之《おういんし》『経伝釈詞《けいでんしゃくし》』巻六）。

敵則能戦、少則能逃、不若則能避之。

敵すれば則ち能《すなわ》ち戦い、少なければ則ち能ち逃れ、若かざれば則ち能ちこれを避く。

読み下し文で書きあらわすと「すなわちすなわち」が不自然にみえてしまうけれども、「則」は〝A（前提）であればB（結果）〟と条件を示し、「乃」＝「能」は〝さてそうして、そこで〟とゆっくり一呼吸の間《ま》をおく語感、ふたつの語の用法は異なるので問題はない。この読みは、なんの疑問もなしに「能」を助動詞とみなす通説よりも、よく考えられたものである。残念ながら、王念孫による『孫子』の完璧な校訂はおこなわれず、自筆の書きこみのある『魏武帝註孫子』だけが台湾の国立故宮博物院に伝わっている。作業半ばで中断したものらしく、後のほうはほとんど注記がない。できあがっていればすぐれた著述になったはずである。

同じように考証にもとづいた清代の『孫子』研究としては、兪樾《ゆえつ》（一八二一―一九〇六）「著書余料《ちょしょよりょう》」（のち『諸子平議補録《しょしへいぎほろく》』巻三にも収める）もよく言及されるが、かれの業績のなかで『孫子』を正確に読むために重要なのは、むしろ『古書疑義挙例《こしょぎぎきょれい》』であろう。また、葉大荘《ようだいそう》（?―一八九八）『退学録《たいがくろく》』、于鬯《うちょう》（一八五四―一九一〇）『香草続校書《こうそうぞくこうしょ》』にも多くの本文校訂案が示されている。必ずしも妥当な意見ばかりではないが、一九世紀の中国人の語感で読んだとき、『孫子』の文章のどこにひっかかったのか、問題をみつける糸口となる。

ここまで、中国における『孫子』の二千数百年を見て印象深いのは、戦国時代にもてはやされた孫氏学派が、漢代になると勢いを弱め、やがて完全に消えうせてしまうことである。『孫子』自体も、北宋から後になると、武挙という朝廷の試験制度の出題科目として残されたことで、かろうじて注釈を生みつづけていた。一八世紀の「四庫全書」の解題は、当時の『孫子』がおかれている状況を、つぎのようにまとめている。

今日となっては、(『孫子』の研究を)継承している者はめったにいない。武挙を受験する者が読んでいるのは、営利出版の受験参考書(として作られた『孫子』の注)ばかりで、通俗的であり、知的な深みはなく、なにひとつ採るべきところがない。

(『四庫全書総目《そうもく》』巻九九)

要するに、試験に出るから武挙受験者がしかたなく読んでいる、というのである。「四庫全書」は『孫子』に対して冷淡で、わずかに本文だけを収録し、なんと曹操注さえ全く無視してしまった。もちろん、文章としての『孫子』がすきな人びとはいたが、かれらはあくまで私的な場で読み、論じていたのである。朝鮮の状況も中国とさして変わらず、明代に編まれた武挙参考書を覆刻する程度で、独自の『孫子』注釈は趙義純《ちょうぎじゅん》『孫子髄《そんしずい》』(一八六九年序。大阪府立中之島図書館蔵)しか作られていない。

ところが、一七世紀以降、『孫子』に過剰なほどの関心を示す地域が出現した。武士の支配する江戸時代日本である。

第三章　日本の『孫子』——江戸時代末期まで

『孫子』の影のうすさ

いきなり、荒唐無稽な話の紹介から始めたい。江戸初期の写本とされる『三略口義《さんりゃくこうぎ》』〔京都大学附属図書館蔵〕という兵書注釈の冒頭部の大意である。

中国から日本に初めて書物が伝えられたのは、秦の始皇帝《しこうてい》二年〔前二二〇〕のことだった。だから、秦の始皇帝九年〔前二一三〕の焚書坑儒《ふんしょこうじゅ》でいちど書物が中国から失われても、日本だけには本来の儒学の原典が残されている。

兵法の『三略』は、神功《じんぐう》皇后元年〔『日本書紀』では二〇一年に相当〕に中国から履陶《りとう》公《こう》という人物が渡来して仲哀《ちゅうあい》天皇に授けた本で、応神《おうじん》天皇に伝えられた。応神天皇は死に臨んで『三略』を呑みこみ、軍神八幡大菩薩《はちまんだいぼさつ》となる。このとき日本からいちど兵書は失われた。

延長《えんちょう》元年〔九二三〕、大江惟時《おおえのこれとき》が唐土に渡り、金五万両を献じて『六韜《りくとう》』『三略《しょうりゃく》』「兵法四十二ヶ条」を求めて来た。この二回目に伝来した『三略』こそ、承暦二年〔一〇七八」に大江匡房《まさふさ》が源《みなもとの》義家《よしいえ》に伝授した兵法である。また一説によれば、入唐《にっとう》した吉備《きびの》真備《まきび》が神から『三略』を与えられ、帰国してから鞍馬寺《くらまでら》の多聞天《たもんてん》に奉納したのだという。多聞天は、それを鬼一法眼《きいちほうげん》に授けたが、鞍馬寺にいた源義経《よしつね》が盗んでしまった。のち義経が平泉《ひらいずみ》で死んだとき、『三略』は空を飛んで鞍馬寺に戻り、鞍馬の八人の僧および一原次郎《いちはらじろう》という者に伝えられた。

室町時代にまとめられ、広く流布した話だが、最初から最後まで史実ではない。ここにみられる兵書は、まるで魔法の教科書である。この話が、江戸時代以降さらにふくらみ、多田満《ただのみつ》仲《なか》・楠正成《くすのきまさしげ》・山本勘助《やまもとかんすけ》などをとりこんだ日本兵法伝授史が創作されていったことは、すでに明らかにされている。ところで、ここに出てくる中国の兵書は『六韜』『三略』しかない。『孫子』はいったいどうしたのだろう。

鎌倉時代から室町時代にかけて、日本で最も影響力のあった〝兵書〟は、右の話にも名まえが出ている「四十二ヶ条」つまり「兵法秘術一巻書《へいほうひじゅついっかんしょ》」という怪しげな呪術書だった（大谷《おおたに》節子《せつこ》校注本および石岡久夫《いしおかひさお》『日本兵法史（上）』を参照）。さらに漢籍の兵書をつけ加えるなら、まずあがるのは『六韜』『三略』になる。だからこそ、武内義雄は、日本伝来の兵書古写本がほとんど『六韜』『三略』だとして、「かれこれ合わせ考えると、鎌倉から室町にかけての我が国の兵学は、六韜・三略の方が孫子よりも尊重されていたことを示すものではあるまいか」（「孫子の研究」第七章）と述べたのだった。書誌学者の阿部隆一《あべりゅういち》も、漢籍調査の豊かな経験をふまえ、独自に同じ事実を発見している。

> 江戸時代は別として、王朝時代から室町末に至る我が国の漢籍兵書類の講読の歴史を概観すれば、兵書中最も有名で、最も読まれてしかるべきと思われる「孫子」が、どうしたものか殆《ほとん》ど読まれていない。多く講読されたのは、「六韜」「三略」、就中《なかんずく》「黄石公《こうせきこう》三略」である。（「金沢文庫本「施氏七書講義」残巻について」）

確実な史料をみても、信西《しんぜい》（一一〇六―一一五九）の『通憲入道蔵書目録《つうけんにゅうどうぞうしょもくろく》』に『孫子』はない。藤原頼長《よりなが》（一一二〇―一一五六）の『台記《たいき》』康治《こうじ》二年（一一四三）九月二九日の読書リストに出てくる兵書は、漢の張良《ちょうりょう》の兵法と信じられていた『素書《そしょ》』である。九条兼実《くじょうかねざね》（一一四九―一二〇七）『玉葉《ぎょくよう》』によれば、明経道《みょうぎょうどう》の博士家《はかせけ》中原《なかはら》氏は『素書』を伝え、清原《きよはら》氏は『三略』を伝えていた。三条西実隆《さんじょうにしさねたか》（一四五五―一五三七）『実隆公記《さねたかこうき》』にみえる兵書も、さらに時代が下がって徳川家康《とくがわいえやす》が愛読した兵書も、『六韜』『三略』であった。慶長《けいちょう》四年（一五九九）、家康の命による伏見《ふしみ》版の出版が始まったとき、まっさきに選ばれたのも、この二点である（『慶長年中卜斎記《けいちょうねんちゅうぼくさいき》』巻中、川瀬一馬《かわせかずま》『古活字版之研究　増補版』）。なにを調べてみても、江戸時代以前に『孫子』の影はたいへんうすい。一七世紀の前半まで、『六韜』

『三略』が『孫子』よりも重視されたのはなぜなのか。ふたつの理由が考えられる。

第一に、『六韜』『三略』は西周開国の功臣である太公望呂尚の兵法だという伝説が、唐代の中国、そして日本ではひろく信じられていた。さらに『三略』には、張良が黄石公という老人から授かり、劉邦をたすけて漢王朝をひらくのに用いた兵法という伝承まである。ところが、『孫子』の作者孫武を登用した呉王闔廬は、一時的に強盛を誇ったにすぎず、王朝の創業者にはなれなかった。王者・皇帝の兵法と、一諸侯の兵法を比べれば、前者が重視されるのはあたりまえである。第二に、『六韜』『三略』には、統治論などさまざまな箴言がまじっている。とくに『六韜』は、平安時代から「文治主義的な経世済民《けいせいさいみん》の書として読まれたと思われる」(『六韜秘伝《りくとうひでん》』勉誠社、一九八〇年、藤本二朗《ふじもとじろう》による解説)。より純粋な兵書である『孫子』は、皇族や公家が読むには必ずしもふさわしくない。『孫子』が日本で古来尊重されてきたというのは、幕末あたりから徐々に作られた話だと思われる。

平安時代に『孫子』が学ばれていた証拠としては、源義家が後三年《ごさんねん》の合戦(一〇八三―八七年)で金沢柵《かなざわのさく》を攻めたとき、田に降りようとした雁の群が列を乱して舞い上がるのをみて、大江匡房から教わった兵法の「夫《それ》軍、野に伏す時は、飛雁《ひがん》つらをやぶる」を思い出し、伏兵を発見したという逸話が持ち出される。これが行軍篇の「鳥の起《た》つ者は伏《ふく》なり」(新訂一二〇頁)にもとづくとされるのだが、この雁の列の乱れの話は鎌倉時代の建長《けんちょう》六年(一二五四)成立の『古今著聞集《ここんちょもんじゅう》』までしかさかのぼれない。そこに書かれているのは、義家が

「兵法」を学んだことだけで、『孫子』の名は出てこない。一七〇年後の説話に「兵法」が出てくれば、平安時代に『孫子』が読まれていたと言えるのだろうか。

奈良時代・平安時代の『孫子』

ただし、古くは『孫子』が日本に伝わっていなかった、無視されていたとまで言うと行きすぎである。日本で学ばれた最古の確実な例として知られているのは、『続日本紀《しょくにほんぎ》』巻二三、天平宝字《てんぴょうほうじ》四年（七六〇）一一月丙申《へいしん》（一〇日）の記事である。

授刀舎人《たちはきのとねり》春日部三開《かすかべのみせき》、中衛舎人《ちうゑのとねり》土師宿禰《はじのすくね》開成《せきなり》ら六人を大宰府《だいさいふ》に遣《つかは》して、大弐《だいに》吉備朝臣《きびのあそん》真備《まきび》に就《つ》きて、諸葛亮《しよかつりやう》が八陳《はつちん》、孫子が九地《くち》と結営向背《けつえいかうはい》とを習はしむ。
（新日本古典文学大系『続日本紀（三）』岩波書店、三六七頁）

一般に、『孫子』の九地篇を講義したのだと理解されている条だが、やや疑わしい。唐の李《り》筌《せん》は、軍隊の陣形の諸要素を「主客、攻守、八陳、五営、陰陽、向背」と列挙しており（形篇の注）、あるいは土地の形勢の有利不利、陣地設営の判断を実地に指南したのではないだろうか。吉備真備（六九五—七七五）は、霊亀《れいき》二年（七一六）から天平《てんぴょう》七年（七三五）までの足かけ一九年、つまり玄宗《げんそう》の開元《かいげん》四年から二三年まで唐に留学していた。その期間に兵法を習ったとすれば、八世紀の前半には『孫子』が日本に伝わっていたことになる。ただし、正倉院文書には多くの漢籍の名が記録されているが、兵書としては天平二〇年（七四八）六月一〇日の「写章疏目録《しゃしょうそもくろく》」に「安国兵法《あんこくへいほう》一巻」というものが出てくるだけで、『孫子』の名はみえない。

『続日本紀』についで古い記録は、九世紀末、寛平《かんぴょう》年間（八八九―八九八）の漢籍目録、藤《ふじ》原佐世《わらのすけよ》『日本国見在《げんざい》書目録』で、「孫子兵法二巻　呉将孫武撰、孫子兵法書一巻　巨詡《きょく》撰、孫子兵書三巻、魏武《ぎぶ》解、孫子兵書一〔巻〕魏祖《ぎそ》略解」、「孫子兵法八陣図二〔巻〕」、「続孫子兵法二〔巻〕魏武帝撰」の六点の名をあげる。魏武・魏祖は、どちらも魏の武帝曹操をさす。当時の日本には『孫子』の本文、賈詡《かく》（巨詡は誤りだろう）の『鈔《しょう》孫子兵法』、曹操の注の詳略二種が伝わっていたことが分かる。にもかかわらず、信西や藤原頼長らが出てくる一二世紀までのある段階で『孫子』は忘れられてしまった。奈良時代・平安時代初期に伝来した古い『孫子』は、わずかな痕跡だけをとどめている。これについては、第Ⅱ部第一章でふれたい。

　ほかの兵書では、『六韜』も一度日本から姿を消している。いま普通にみられる『六韜』は、すべて一一世紀ごろに北宋で縮約され、「七書」に収められてひろく流布した改編本である。改編以前の『六韜』のすがたは、敦煌出土の残巻（ペリオ三四五四号）、『群書治要《ぐんしょちよう》』巻三一の引用、西夏語訳を通してうかがうことができるが、今本よりはるかに内容が多いものであった。これを〝原本『六韜』〟と称する。唐から伝来した原本『六韜』が九世紀初期の日本にあったことは、滋野貞主《しげのさだぬし》『秘府略《ひふりゃく》』（八三一年）の引用する『六韜』の文が現行のテクストにないこと、『日本国見在書目録』の「太公六韜六　周文王師姜望《きょうぼう》撰」の記載で確認できる。しかし、いま日本に伝わっている『六韜』の写本に原本系はひとつもない。あるのは、室町時代に北宋の改編本から写されたものばかりである。

だとすると、日本における中国兵書の伝承の歴史には、奈良時代・平安時代初期と平安時代末期・鎌倉時代のあいだに、大きな断層と空白があることになる。この断層は、単に『孫子』『六韜』という個別の本だけでなく、日本の漢籍一般について存在すると言っていい。それは、中国の唐代と南宋とのあいだに横たわる文献・学問の質的な不連続の、日本における投影でもある。

臨済禅と学問の新しい波

『孫子』『六韜』などに認められる漢籍伝承の断層は、なぜ生じたのか。この点を考えるには、日本における書籍の伝承、あるいは漢籍の学習・教育の場の変化を知らねばならない。

いちど話題を日本で著された古い書物へと転じてみよう。すぐに思い起こされるのは、『古事記』『万葉集』からはじまる奈良・平安時代の古典である。しかし、それらの古い原本が残っているわけではない。部分的にでも平安時代写本がある『日本書紀』や『万葉集』、鎌倉時代初期写本がある『源氏物語』はまだ幸運なほうである。『古事記』は応安《おうあん》四—五年（一三七一—七二）写本、『竹取物語』は天正《てんしょう》二〇年（一五九二）奥書《おくがき》写本、『出雲国風土記《いずものくにふどき》』は慶長二年（一五九七）写本までしかさかのぼれない。日本の書籍が後世に残りやすくなったのは、言うまでもなく、一七世紀に京都での印刷出版が本格化してからなのである。

　木版印刷の普及以前と以後とで書籍の伝播や流通が変わるのは、中国も同じである。唐代、すでに木版印刷は技術的に可能になっていたが、書籍は紙と墨を選び、美しい楷書で書写すべきものだという通念が強かった。巻物の写本から冊子体の刊本への移行が徐々に進行したのは一〇世紀後半からで、木版印刷による書籍の生産がしだいに本格化していき、一二—一三世紀には商業出版が各地で栄えている。刊本の出現以後、中国の典籍はよく保存されるようになったが、一方で国家や権威ある学者の手で校訂され出版された本文のみが生き残り、唐代までの古写本は淘汰《とうた》されていく。それとともに、一〇世紀ごろまで存在した多様な異本は、消えてしまった。

　このような大きな転換は、日本の漢籍流通にもそのまま投影されている。奈良時代から平安初期に唐から伝わった漢籍は写本である。かなり多くの場合、ひとそろいだけがもたらされ、日本で手間をかけて副本が写され、儒学の典籍は朝廷の大学寮《だいがくりょう》、仏教の経典は奈良や京都の寺といった場で、研究や教育の対象となる。ところが、平安時代後期から貿易を通じて南宋で作られた刊本が入ってきたことで、中国と同じように古写本は駆逐されていく。一例のである。

をあげれば、『論語』は日本でも古くから学ばれた重要な書物で、正倉院文書にも写本作成の事実が記録されているのに、鎌倉時代以降の本しかみつかっていない。失われてしまったのである。

奈良・平安時代と鎌倉時代との漢籍伝承のちがいは、写本から刊本へと書籍の形態が変わったことだけではない。もっとだいじなのは、伝播の担い手の変化である。この問題を考えるうえで大きな意味を持つものとして、現存する室町時代までの『論語』『孟子』の古写本を精密に調査した高橋智《たかはしさとし》の研究をあげよう（『室町時代古鈔本『論語集解《しっかい》』の研究』汲古書院、二〇〇八年）。高橋の指摘にもとづき、当面必要とする点だけまとめると、日本に宋からもたらされた書籍は、（一）平安時代以来の朝廷の学問を伝承する博士家が受容した国子監《こくしかん》（国立教育行政機関）の刊本、（二）臨済《りんざい》系の禅僧がもたらした福建《ふっけん》民間出版業の刊本、の二系統に大別される。平安時代末から室町時代にかけて、より大きな影響を日本の学術に与えたのは、このうち臨済禅の系統なのである。

臨済禅は、日本から留学した僧、宋・元から渡来した僧、その両方によって伝えられた。留学僧も中国語の会話・読み書きのきわめて高度な学力をそなえていたことは、いわゆる五山《ござん》文学の多様な文体に示されている。禅僧たちの読書の範囲は、仏教書に限定されない。とりわけ、日本と接触する機会の多かった中国東南沿海部（いまの浙江・福建一帯）の臨済禅が禅学・朱子学兼修であったため、南宋末・元代の朱子学も禅僧たちによってもたらされて

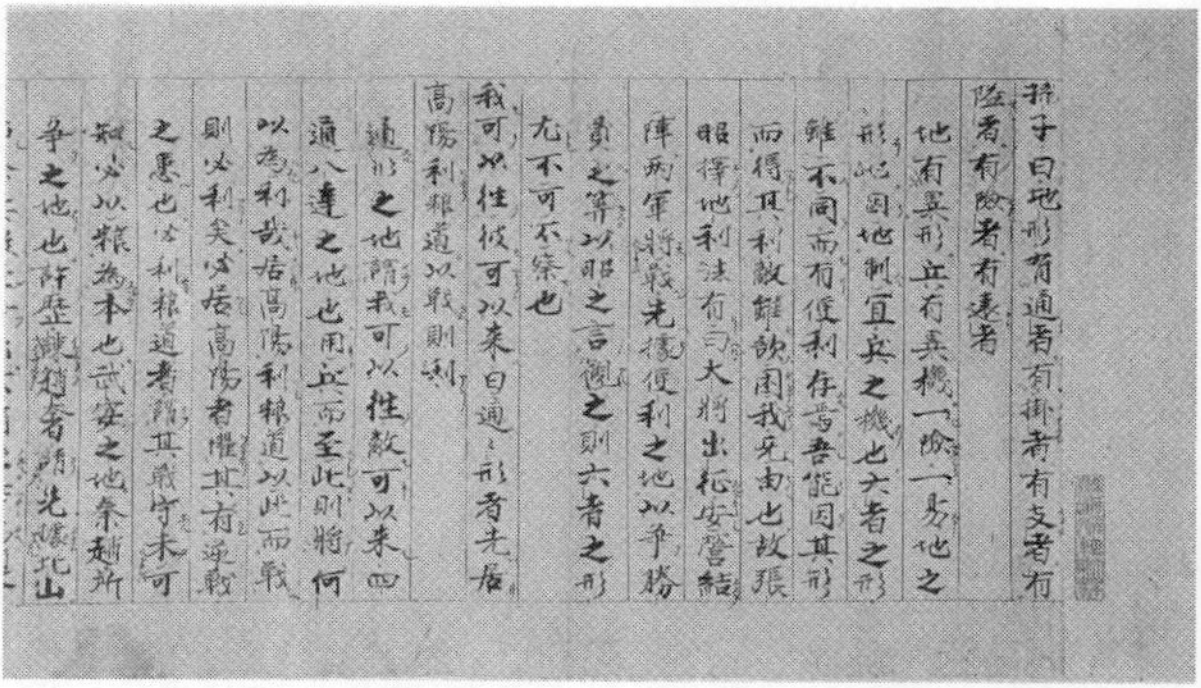
孫子曰地形有通者有掛者有支者有
隘者有險者有遠者
地有異形兵有異機一險一易地之
形也因地制宜兵之機也六者之形
雖不同而有便利存焉吾能因其形
而得其利敵雖欲困我無由也故張
服擇地利法有曰大將出征安營結
陣兩軍將戰先據便利之地以爭勝
負之算以服之言觀之則六者之形
尤不可不察也
我可以往彼可以來曰通々形者先居
高陽利糧道以戰則利
通形之地謂我可以往敵可以來四
通八達之地也用兵而至此則將何
以為利哉居高陽利糧道以此而戰
則必利矣必居高陽者惟其有迎敵
之患也必利糧道者慮其戰守未可
知必以糧為本也武安之地奈越所
爭之地也所壁險阻者必先據北山

図12　鎌倉時代写本『施氏七書講義』。『孫子』地形篇の残巻。原本は慶應義塾大学斯道文庫蔵。『慶應義塾大学附属研究所斯道文庫貴重書蒐選』（斯道文庫、1997年）より。

くる。平安時代以来の伝統を有し、唐代以来の解釈を守ってきた朝廷の博士家は徐々に学術活動の中心的地位を失う。一三世紀以降、かわって最新の朱子学を教え、日本の漢学研究を担っていったのが、時代順に鎌倉五山、京都五山、足利学校の禅僧たちであった。この間の事情については、足利衍述《あしかがえんじゅつ》・川瀬一馬・和島芳男《わじまよしお》・玉村竹二《たまむらたけじ》らの研究に詳しい。

さきの高橋の指摘によれば、臨済禅が日本にもたらした『論語』は、福建の民間出版業が印刷した本である。『孫子』についても同様で、新しい波と同時に日本に伝来したのこそ、前章でとりあげた南宋の武挙《ぶきょ》参考書『施《し》氏七書講義《しちしょこうぎ》』だった。いま、北条実時《ほうじょうさねとき》（一二二四―一二七六）が子の顕時《あきとき》（一二四八―一三〇一）に命じて建治《けんじ》二年（一二七六）前後に宋版から筆写させた金沢文庫《かねさわぶんこ》本『施氏七書講義』「孫子講義」地形篇の一部が慶應義塾大学斯《し》道文庫《どうぶんこ》に所蔵されており、おそくとも一三世紀後半には日本に来ていたことが分かる（図12。このほか永井《ながい》漑《き》八《はち》旧蔵の九地篇、中島《なかじま》徳《とく》太《た》郎《ろう》旧蔵の火攻篇の写本もあったらしいが、行方不明だという）。この後、鎌倉時代から江戸時代寛文《かんぶん》年間（一六六一―七三）までのほぼ四〇〇年、日本に最も影響を与えた中国兵書は『施氏七書講義』だったし、『孫子』といえばそのなかの「孫子講義」だった。『魏武帝註孫子』の元《げん》版（あるいは明代初期の版）も伝わっていたようだが、注釈が簡潔にすぎたらしく、あまり読まれていない。外国人の学習にとっては、懇切丁寧で、漢作文の参考にもなる『施氏七書講義』の注釈が便利だったのだろう。

臨済禅の僧侶たちは、兵書を所蔵しているだけでなく、実際に手にとって読んだ。寺で僧侶が兵書を読むなど、現在では奇妙に思えるが、鎌倉・室町時代の臨済禅の僧侶は博覧であり、仏教経典以外の漢籍にもよく通じていた。いま京都の建仁寺両足院《けんにんじりょうそくいん》に残された漢籍の質と量をみれば、そのことは明らかである。さらに、禅の典籍には比喩として戦争や軍隊がしばしば現れる。日本に大きな影響を与えた圜悟《えんご》克勤《こくごん》（一〇六三―一一三五）『碧巌録《へきがんろく》』では、第一二則《そく》の有名な「殺人刀《さつじんとう》、活人剣《かつじんけん》」（入矢《いりや》義高《よしたか》ほか訳注、岩波文庫、（上）一八二頁）、第一四則の評唱《ひょうしょう》の「百万の軍陣」（同、二〇五頁）を始め、俗人から見るとおだやかではない表現があちこちに出てくる。南宋の著名な禅僧大慧《だいえ》宗杲《そうこう》（一〇八九―一一六三）の言行録『宗門武庫《しゅうもんぶこ》』の題名は「誤りを打ち破るための禅宗の兵器庫」を意味し、序文では大慧の説法の巧みさが諸葛亮の作戦にたとえられている。南宋の禅学と兵書のことばは、かなりなじみがよい。

禅僧が『孫子』を読んだ証拠は、著作や蔵書にも残されている。まず、南禅寺《なんぜんじ》・東福寺《とうふくじ》の虎関師錬《こかんしれん》（一二七八―一三四六）は、『孫子』用間篇の「殷《いん》の興るや、伊摯《いし》夏《か》に在り。周の興るや、呂牙《りょが》殷に在り」（新訂一八四頁）を読み、伊摯（伊尹《いいん》）や太公望といった賢人がスパイのような下劣な行為をするはずがない、これは孫子の兵法と古の賢人が関係しているように装っているにすぎず、戦国時代の諸国遊説の士のでたらめのひとつにすぎない、と論評する（『済北集《さいほくしゅう》』巻二〇「通衡《つうこう》之五」）。虎関師錬のこの批判は、『孫子』の内容を把握し、さらに南宋の葉適による『孫子』戦国時代成書説（三二頁）を知っていないと書けない。また、東福寺の岐陽方秀《ぎょうほうしゅう》（一三六一―一四二四）『碧巌録不二鈔《へきがんろくふにしょう》』が巻八第七二則の注で『孫子』を引くこと、建仁寺・南禅寺の月舟寿桂《げっしゅうじゅけい》（一四七〇―一五三三）、妙心寺《みょうしんじ》の南《なん》化玄興《かげんこう》（一五三八―一六〇四）らが持ち伝えた宋版『史記』（国立歴史民俗博物館蔵）のおびただしい書きこみに、『孫子』杜牧《とぼく》注からの長文の引用が含まれていること、天正八年写本『魏武帝註孫子』（六九頁、図6）が禅僧によって書写されていることなども、有力な例証である。

儒学・禅学の双方に通じ、兵書も読んでいる臨済禅の僧には、儒学経典の一部である『易経』に精通した者も少なくなかった。川瀬一馬が指摘するところでは、室町時代の武将たちは、自己の教養や子弟の教育のために、儒学の講義ができる僧侶を必要としており、「特に軍陣の際において、軍法並びに占筮《せんぜい》に通達している者を必須とした」（『増補新訂 足利学校の研究』三八頁）。このすべてをこなせるのは、臨済禅の僧しかいない。各地の武将たちは、競って禅寺を建てて、京都の五山や足利学校で学んだ高僧を招聘し、「禅僧は武家の子弟教育の任に当ると共に、軍事顧問の職をも兼ねることが多くなったのである」（同、一九五頁）という。地方の禅寺は、大学や政策提言機関のはたらきを兼ねていたことになる。こうして、禅僧たちの持つ兵書の知識が、地方へと伝播を始めるようになった。

以上の経緯を考えにいれるならば、『甲陽軍鑑《こうようぐんかん》』巻一六（酒井《さかい》憲二《けんじ》『甲陽軍鑑大成』所収の土井《どい》忠生《ただお》旧蔵本）に初めて出てくる武田《たけだ》信玄《しんげん》の孫子の旗の由来も分かりやすい。信玄は、臨済の禅僧と往来して高い教養を持ち、天文《てんぶん》一五年（一五四六）の倭漢《わかん》聯句《れんく》（『甲府市史 史料編一』一九九〇年）、天文二〇年（一五五一）以前の七言絶句《しちごんぜっく》一七首（『大日本史料』一〇編一五冊、二三八―二四三頁）などの作品を伝え、永禄二年（一五五九）には臨済禅の岐《ぎ》秀元伯《しゅうげんぱく》（生卒不詳）のもとで出家している（『山梨県史 通史編2』二〇〇七年）。よく知られた「疾如風徐如林侵掠如火不動如山」の一四字は、臨済禅の学問的影響のもとで、禅の法語という意味あいを兼ねて、「七書」のひとつ『孫子』から選ばれたのではないか。「其疾如風」や「不動如山」は、漢訳仏典にも散見する。風林火山の兵学的側面だけに気をとられ、『孫子』だけが重んじられたと錯覚するようになったのは、臨済禅と兵書の関係がほぼ完全に忘れられてしまった一八世紀以降である。さらに時間がたって幕末になると、武田信玄・上杉謙信《うえすぎけんしん》が強かったのは『孫子』などの兵書を研究していたからだ、という俗説さえ出てくる（竹腰正諟《たけのこしまさあと》「『孫子詳解』序」）。

江戸時代初期の『孫子』研究は、実質的に室町時代の延長なので、この項で続けて論じておくことにしよう。すでに記したように、徳川家康は慶長四年（一五九九）に伏見版として『六韜』『三略』を刊行させている。その七年後には、慶長一一年七月二一日づけの閑《かん》室元佶《しつげんきつ》（一五四八―一六一二）の跋《ばつ》を付して、「七書」全体の本文がまとめて出版された。それまで写本しか流通していなかった『孫子』が、日本で印刷されたはじめてである。事業の中心になった閑室元佶も臨済の禅僧で、足利学校第九代庠主《しょうしゅ》（校長）を経て、伏見の円光寺《えんこうじ》（現在は、京都の詩仙堂《しせんどう》の北隣にある）の開山となった。この慶長版「七書」の底本に用いられたのは足利学校蔵の天

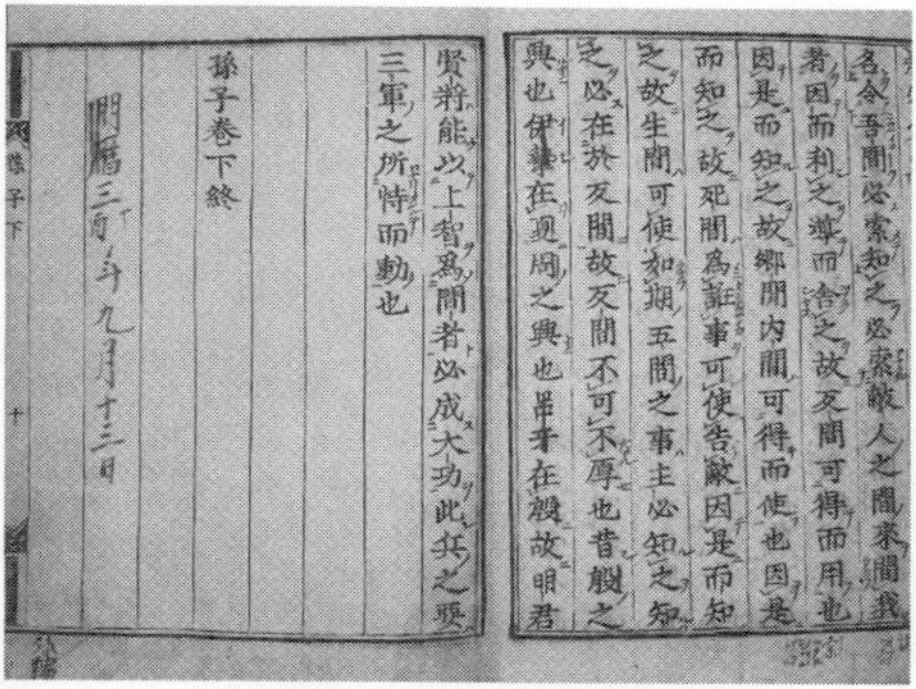
名令吾間必索知之必索敵人之間來間我
者因而利之導而舍之故反間可得而用也
因是而知之故鄉間內間可得而使也因是
而知之故死間為誑事可使告敵因是而知
之故生間可使如期五間之事主必知之知
之必在於反間故反間不可不厚也昔殷之
興也伊摯在夏周之興也呂牙在殷故明君
賢將能以上智為間者必成大功此兵之要
三軍之所恃而動也
孫子卷下終

図13　江戸初期刊本「七書」の『孫子』。慶長版にもとづいて作られた整版本。巻末に、明暦３年（1657）に読みおわったむねの書きこみがある。

正四年写本『施氏七書講義』だが、刊行にあたっては施子美《ししび》の注釈は完全にはぶかれた（川瀬一馬『古活字版之研究　増補版』）。慶長版「七書」は江戸時代になんども覆刻され（図13）、『孫子』を読むのは室町時代に比べてはるかに容易になる。つづいて『施氏七書講義』全体も慶長年間に活字で印刷され、徐々に読者をひろげていった。詩仙堂の主として知られる石川丈山《いしかわじょうざん》（一五八三—一六七二）は、臨済禅の僧の資格を有する武士であったが、元和《げんな》四—七年（一六一八—二一）にかけてこの活字版を読んでいる（小川武彦《おがわたけひこ》「元和期の石川丈山の動向」『江戸詩人選集』第一巻月報、岩波書店、一九九一年）。

いくら『孫子』の原典が出版されても、漢文だけでは武士にとって読みにくい。一般読者向けに和文で解説を加えてなじみやすくしたのは、林羅山《はやしらざん》（一五八三—一六五七）の元和六年（一六二〇）『孫呉摘語《そんごてきご》』、寛永《かんえい》三年（一六二六）跋の『孫子諺解《げんかい》』の功績である。羅山は、少年期を建仁寺で過ごし、のち相国寺《しょうこくじ》の藤原惺窩《ふじわらせいか》（一五六一—一六一九）に学んでおり、やはり臨済禅の学問系統に属している。『孫子諺解』は、『施氏七書講義』に準拠して書かれた『七書諺解』のひとつで、鎌倉時代からの流れを引いた『孫子』注釈の最後のものだと言えよう。「諺解」とは「諺《げん》」（漢文ではない俗語）で「解」釈したという意味で、もとは漢籍にハングルで訳注を加えた朝鮮の注釈に用いられた書名である。総じて言えば、江戸時代初期は、室町時代の臨済禅の影響が強く残り、南宋や明の武挙参考書を重んじて、「七書」を一体とみなす。寛永二〇年（一六四三）の劉寅《りゅういん》『武経七書直解《ぶけいしちしょちょっかい》』の覆刻は、その伝統にしたがった選択であろう。『六韜』『三略』の地位が高いのも、この時代までみられる特徴である。

日本的『孫子』の形成

野口武彦《のぐちたけひこ》『江戸の兵学思想』は、「中国および日本の兵学思想史について（西欧思想史はプラトンの注釈史だ、漢字文化圏の思想史はおおむね孔子の注釈の歴史だ、というのと）同じ言い方をすれば、それは基本的にいって、『孫子』解読の積み重ねであったと断じても過言ではないであろう」とする（中公文庫版、一三頁）。筆者の理解によれば、このまとめかたは必ずしも妥当でない。日本で『六韜』『三略』を含む「七書」から『孫子』へと重心が移るのは江戸時代になってからのことで、その背景には、康熙四八年（一七〇九）からの清朝武挙制度改革の結果、中国から長崎経由で輸入されてくる兵書が「武闈三子《ぶいさんし》」（『孫子』『呉子』『司馬法』）」中心になった影響もあるのではないかと思われる。以下、江戸時代の『孫子』研究を概観するにあたって、近世文学史の区分をめぐる日野龍夫《ひのたつお》の見解を参考に、

第一期　寛文年間から宝暦以前
第二期　宝暦からの一八世紀後半
第三期　一九世紀以降

とおおまかに三分して述べることにしたい（日野龍夫「近世文学史論」『岩波講座日本文学史8』岩波書店、一九九六年）。

（第一期）寛文年間から宝暦以前

鎌倉・室町時代以来の中国兵書の読みかたを変えたきっかけは、日本の寛永二一年（一六四四）に明朝《みん》が滅亡し、満洲人の清朝《しん》政権が出現した衝撃である（日野「近世文学史論」の二も参照）。もっとも、満洲人がすぐに中国全土を統一できたわけではなく、明の復興を志す南明《なんみん》の勢力による抵抗は続いており、かれらから日本への援軍要請、台湾に拠る鄭成功《ていせいこう》の抗戦といった動きを、幕府は強い関心を持って見守っていた。江戸時代の少なからぬ人びとが南明の残存勢力に共感していたことも、のちに作られた近松門左衛門《ちかまつもんざえもん》の人形浄瑠璃《じょうるり》『国性爺合戦《こくせんやかっせん》』で和藤内《わとうない》（鄭成功）が韃靼《だったん》（清）を破る筋書きから明らかだろう。明朝復興の望みがうすくなり、反満洲の抵抗運動にかかわっていた朱舜水《しゅしゅんすい》が万治《まんじ》二年（一六五九）に来日した前後からは、もし満洲人が海を渡って日本に侵攻してきたらどうするかが意識されるようになる。モンゴル人が中国を統治したときの文永《ぶんえい》・弘安《こうあん》の役が連想されるからである。さらに、明と李《り》氏朝鮮の連合軍になかなか勝てなかった文禄《ぶんろく》・慶長の役は、半世紀前のことだった。

中国の軍事情報を知っておかねばならない。その情報を伝える中心となったひとりが、京都の学者で尼崎藩《あまがさき》に仕えた鵜飼石斎《うかいせきさい》（一六一五─一六六四）である。寛文元年（一六六一）の『明清闘記《めいせいとうき》』は、明朝の未来の運命をめぐる太祖《たいそ》皇帝の謀臣劉伯温《りゅうはくおん》（劉基《りゅうき》）の予言から始まり、明と清の王朝交替、台湾に拠った鄭成功の奮闘までを描いた和文の軍記で、明末、清初の戦史を日本に紹介するうえで大きな作用をはたした。寛文四年（一六六四）に石斎の訓点を加えて刊行された明の茅元儀《ぼうげんぎ》『武備志《ぶびし》』は全二四〇巻、四〇年ほど前の著作だとはいえ、当時日本で目にすることのできた比較的新しい中国兵書である。この巨大な本に訓点をつけ、国内の読者に普及させる労苦を惜しまなかったのは、清朝が日本に侵攻した際、どのような戦術をとってくるか知らねばならないという石斎の危機意識があったからではないか。清朝を仮想敵とした攘夷にほかならない。貞享《じょうきょう》四年（一六八七）ごろ、熊沢蕃山《くまざわばんざん》（一六一九─一六九一）も同じく清朝の日本侵攻に危機感を抱いていたことは、すでに指摘されている（野口武彦『江戸の兵学思想』中公文庫版、一九頁）。

遠くに不安を抱えた時代状況のなかで、山鹿素行《やまがそこう》（一六二二─一六八五）により、『七書《しちしょ》諺義《げんぎ》』の一部として寛文一三年（一六七三）序の『孫子諺義』が書かれている。すでに見てきたとおり、室町時代以来の兵書解釈は、林羅山まで含め、臨済禅によって担われていた。日本の『孫子』研究史における素行の重要性は、武士自らの手で注釈を作るという新しい風潮を興したことにある。武士はもともと戦争の専門家であった。それが学問をして、学者による講釈を批判しはじめた。そこには、騎乗もできず、刀さえろくに使えない儒者や僧侶よりも、自分たち武士こそ兵法を読める、という自負心がみてとれる。『孫子諺義』は明治末に至るまで印刷されることがなく、簡単に読めるようになったのは一九一二年以降にすぎない（次章一四二頁参照）。しかし、素行にはじまる武士の自覚と『孫子』研究の結合は、江戸時代の各地にひろがり、二〇世紀末まで脈々と受けつがれて、日本の一大特色となった。

中国の軍事情勢への関心の高まりからか、寛文九年（一六六九）に、宋の吉天保《きってんぽ》編『孫子集註《しっちゅう》』（『孫子十家註』）が覆刻されていることにも注目したい。室町時代の日本で『魏武帝註孫子』は稀少であり、読むためには苦労して写本を手に入れねばならなかった。『孫子集註』が出版されれば、『施氏七書講義』以前の古注への接近は容易である。こうして、南宋や明の武挙参考書に依存しない、三国や唐の注釈を視野に入れた読みが可能になった。代表的著作としては、第一に、宝永《ほうえい》四年（一七〇七）ごろの作と推定される荻生徂徠『孫子国字《そんしこくじ》解《かい》』があって（平石直昭《ひらいしなおあき》『荻生徂徠年譜考』平凡社、一九八四年）、「国字解」というとおり、かな交じりの文体で書かれている。『孫子』は外国のことを書いた本だ、という意識が解釈の全体にきちんと通っており、後世からの評価も高い。第二に、「凡《およ》そ古書を解するには、当《まさ》に古義に拠る可《べ》きのみ」と自覚し、『管子』と『孫子』に似た表現が出てくることも指摘した、新井白石の『孫武兵法択《そんぶへいほうたく》』がある（古川哲史《ふるかわてつし》『新井白石』によれば一七二二年の作）。中国の古今の言語が異なることをはっきり主張し、その主張にもとづく読みを徹底さ

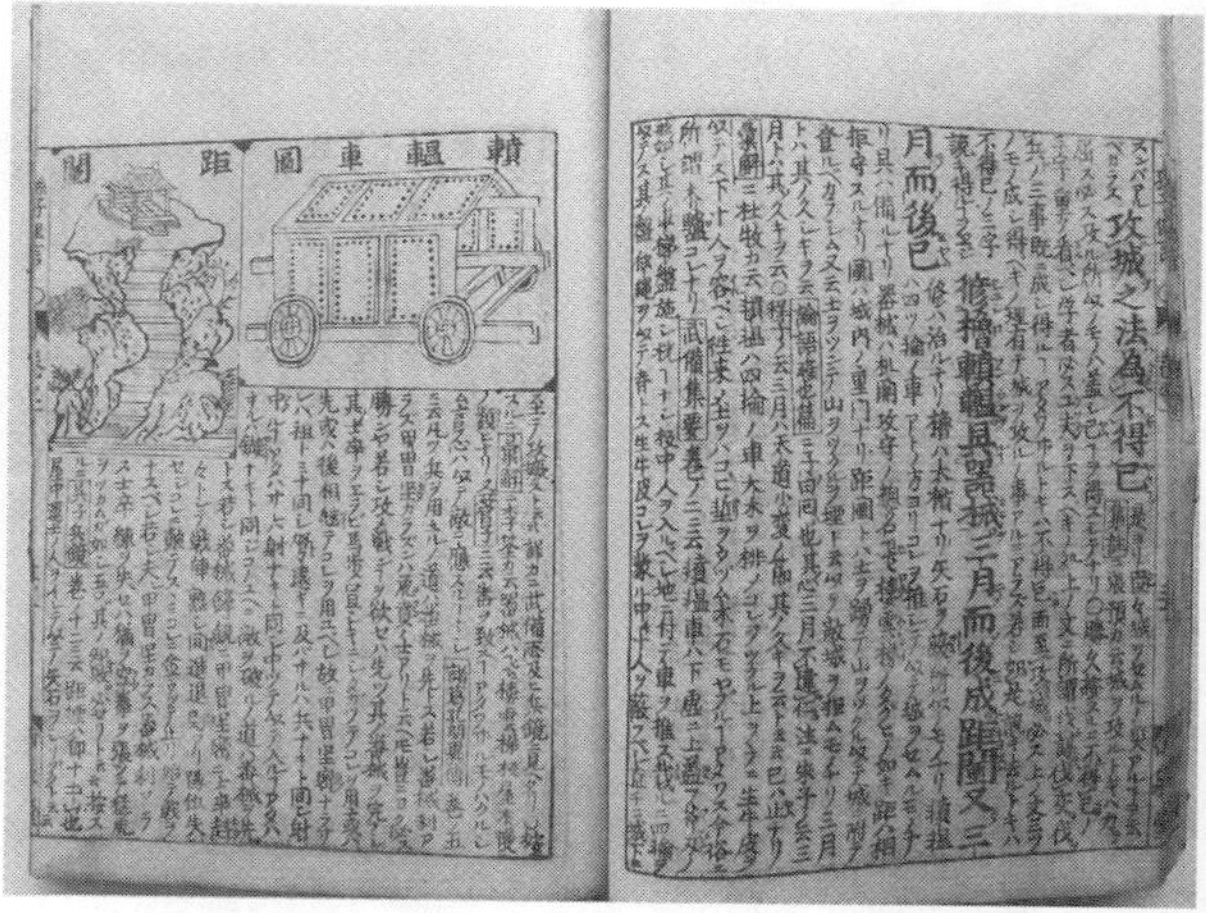

図14　神田白龍子『武経七書合解大成俚諺鈔』。図解を加えた和文の「七書」解説で、ひろく読まれた。『孫子』謀攻篇の「轒轀」「距闉」の図が見える（新訂46頁）。享保13年（1728）刊本。

せようと試みた『孫子』の注釈は、おそらく白石以前に書かれたことがなかった。徂徠・白石の注釈が出版され、ひろく知られるようになるのは、だいぶ後になってであるが、この時期にみられる古注・原典回帰の姿勢は、伊《い》藤《とう》仁斎《じんさい》（一六二七―一七〇五）や徂徠による、宋学の正統性への懐疑とあわせて考えられるべきだろう。

　第一期に読まれた注釈としては、神田《かんだ》白龍子《はくりゅうし》（一六八〇―一七六〇）『武《ぶ》経《けい》七《しち》書《しょ》合《ごう》解《かい》大《たい》成《せい》俚《り》諺《げん》鈔《しょう》』（一七一四年序、一七二八年刊）もあげておきたい（**図14**）。素行同様に武士による解釈の重要性を語り、武士が理解しやすいように和文で書き、多くの挿図も加え、『太平記《たいへいき》』『甲陽軍鑑』をしばしば例にあげるなど、きわめて日本化された読み物であるが、基本は明代の「七書」注釈の要約であり、学風的には古いものである。江戸時代の兵書研究の主流が『孫子』(つけ加えるなら『呉子』)に定まって以後、本書のような大規模の「七書」注釈はもはや作られることがなかった。

〈第二期〉宝暦からの一八世紀後半

寛延《かんえん》三年(一七五〇)に、それまで写本しかなかった荻生徂徠『孫子国字解』が初めて出版されて大量に流通し、分かりやすく歯切れのよい日本語で『孫子』を通読できるようになったことで、第二期は始まる。江戸初期の『孫子』注釈が、中国ではどう読まれるのかを祖述していたのと異なって、徂徠自身はどう読むのか、なぜそう読めるのか、中国と日本の社会制度はどこが違うのか、いちいち根拠をあげながら明快に論じる『孫子国字解』は、いわば〝みんなの『孫子』〟という解放感をもたらした(図15)。兵学の伝授を受けなくても、簡単に『孫子』を読めるようになったことで、従来にはなかったスタイルの注釈も現れる。本来、学史的な意義のうえからは『孫子国字解』そのものについて詳しく説くべきなのだが、ここでは派生してできた注釈書のいくつかをとりあげることで、徂徠の影響の大きさを浮き彫りにしてみたい。

『孫子国字解』刊行の翌年、宝暦元年(一七五一)一二月にできた山路業武《やまじなりたけ》『孫子語解俗和《ごげぞくわ》

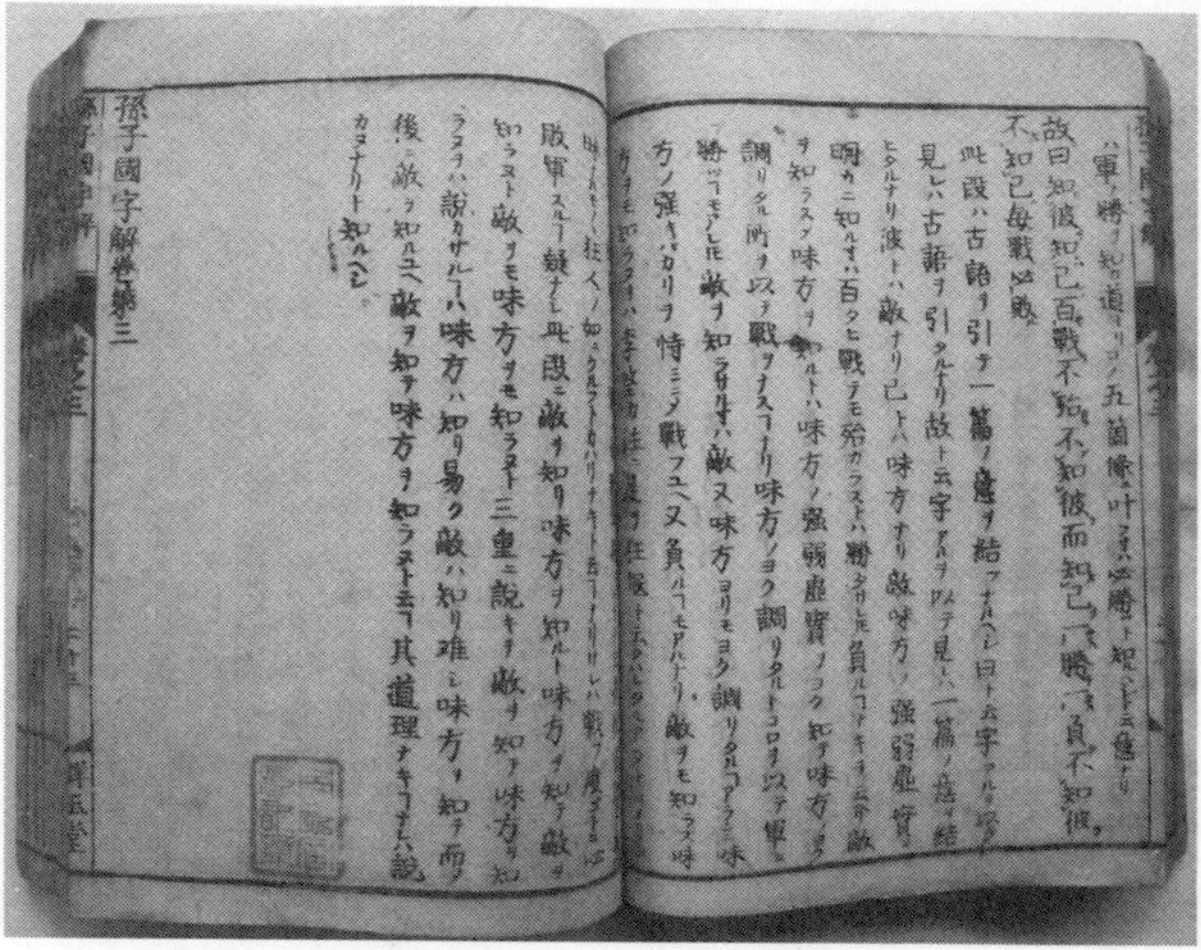

図15　荻生徂徠『孫子国字解』謀攻篇より。江戸時代、最もひろく読まれ、大きな影響を与えた注釈である。

歌《か》』（筑波大学中央図書館蔵写本）は、『孫子』を五〇〇首の和歌に翻訳した奇書である。たとえば謀攻篇「是《こ》の故に百戦百勝は善の善なる者に非ざるなり。戦わずして人の兵を屈するは善の善なる者なり」（新訂四五頁）なら、

戦はず敵をなくせば　国民《くにたみ》を
そこなはずして　勝《かち》は全《まった》し
戦ひを用ひば　国を制《せい》すとも
人をそこなひ　至極《しごく》とはせじ

と言いかえてしまう。この部分に該当する『孫子国字解』は「善之善者とは、よきの至極と云《いふ》ことなるゆへ、非善之善者とは至極よし

とはせられぬと云意なり」である。すぐれた和歌だとは言いにくいが、『孫子国字解』が与えた影響の一例としておもしろい。『孫子国字解』流行への対抗意識をもって書かれた注釈としては、若狭《わかさ》小浜《おばま》藩の山口春水《やまぐちしゅんすい》（一六九二―一七七一）『孫子考《そんしこう》』などがある。

『孫子』をやまとことばで訳そうとした注釈書も現れてきた。明和《めいわ》二年（一七六五）自序の上田白水《うえだはくすい》（一七〇三―一七七七）『孫子義疏《ぎそ》』である。白水は名が寛《ひろし》、淀藩に仕え、並河天《なみかわてん》民《みん》（一六七九―一七一八）から太田道灌《おおたどうかん》の兵法を学び、江戸で松宮観山《まつみやかんざん》（一六八六―一七八〇）から北条氏如《ほうじょううじすけ》（一六六六―一七二七）の兵法を伝えられている。観山は、反幕府思想家の山県大弐《やまがただいに》が処刑された明和事件（一七六七年）に連座して江戸から追放されるが、白水の『孫子義疏』はそれ以前の作であり、しばしば師の説に言及している。『孫子国字解』も参照し、「ほぼ発明する所あり」と高く評価しつつ、随所で批判を加えている。これも、明らかに『孫子国字解』の刺激下に現れた注釈だと言えよう。

『孫子義疏』がどのような体裁なのか、巻一の冒頭部から例をあげてみよう。最初に、

道とは、民をして上《かみ》と意を同じくして之《こ》れと与《とも》に死す可《べ》く、之れと与に生く可くして、畏《おそ》れ危ぶまざらしむるなり。

（計篇。ここでは『義疏』に従った読み下し文を示す。新訂二六頁参照）

のように、原文に訓点をつけて掲出し、ついで主な字義を「道とは人の蹈《ふん》であり〔歩〕く路にたとへていふ語にて、すぢみちとも仕方とも云《いふ》ことなり。ここにては国を治《をさむ》るすぢみち仕方なり。民とは農工商ばかりの事にあらず。其の領内の人貴賤のきらひなく、をしなべてさす語なり」と説明する。特徴的なのは、それにつづく「全疏《ぜんそ》」である。

道とは、その仕方はいかにもあれ、下《しも》と上《かみ》とこころゆきを同じくして、これとともに死せんも、これとともに生《いき》んも上の意にまかせて、しかも上をたしかに思《おもひ》て、少《すこし》もをそれあやぶまざるやうにすることとなりとぞ。

漢語はひとつも使わず、きれいに原文の内容を言いつくした訳文である。白水は、「漢語のままになをすを正訳《しやうやく》と云なり。語路《ごろ》に和漢のちがひありて、正訳にて通じがたき所をば、語路はちがへども意は同じことになをすを義訳《ぎやく》と云なり。つとめて本文の語意を失はざるを主とす。等閑《なをざり》にみることなかれ。専ら俚語《いやしきことば》を用ひて、初学のよく通ずるを貴ぶ」と断っている。「正訳」とは読み下し文、「義訳」とはやまとことばによる訳文をさす。篇によっては「義訳」がついていないが、さきの『孫子語解俗和歌』を別にすれば、最初の『孫子』日本語訳をこしらえたのは上田白水ということになる。

「義訳」に続く解説も興味深いので、ついでに引いておくことにする。

孫子、この道と云《いふ》ことの主意をつまみてとく所、端的《たんてき》着実なり。聖人の民を治る、英雄の民を治る、その仕方・心ゆき、誠偽《せいぎ》・懸隔《けんがく》のたがひもあり、その徳《とく》相応の道行はれて、その民をなつけ、その功をなす所にも高下のちがひはあれども、上下一致によつて功をなすことなり。その最下《さいげ》は、天草《あまくさ》の四郎が一城に拠《よつ》て天下の兵をなやまし、力尽き城陥《おつ》るに及《およん》でも一人も降《くだ》るもののなかりしは、邪法ながらも民心を固く結びたるがゆへなり。これ四郎が道の行はれたるなり。これ兵法の骨髄、これに本《もと》づかざるは、たとひ勝《かつ》とも真《まこと》の勝《かち》にあらずと知《しる》べし。

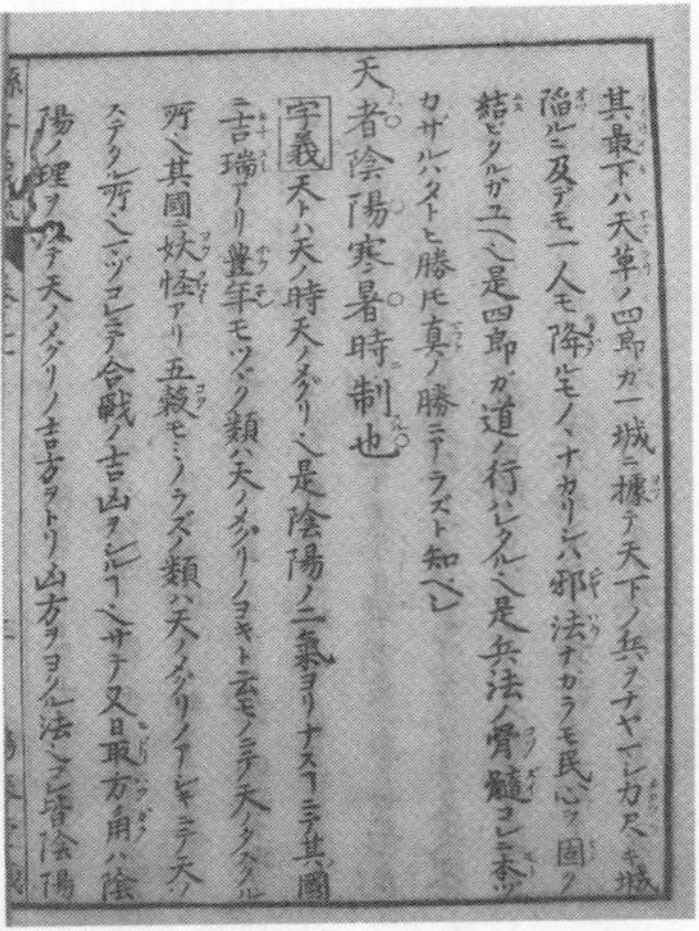
其最下ハ天草ノ四郎ガ一城ニ據テ天下ノ兵ヲナヤマシ力尽キ城
陥ルニ及テモ一人モ降ルモノナカリシハ邪法ナガラモ民心ヲ固ク
結ビタルガユヘ也是四郎ガ道ノ行ハレタル也是兵法ノ骨髄コレニ本ヅ
カザルハタトヒ勝トモ真ノ勝ニアラズト知ベシ
天者陰陽寒暑時制也
字義 天トハ天ノ時天ノメグリ也是陰陽ノ二氣ヨリナス事ニテ其國
ニ吉瑞アリ豊年モツヾク類ハ天ノメグリノヨキト云モノニテ天ノメグル
所也其國ニ妖怪アリ五穀モミノラズノ類ハ天ノメグリノアシキニテ天ノ
メグル所也コレニテ合戦ノ吉凶ヲシル事也サテ又日取方角ハ陰
陽ノ理ヲ以テ天ノメグリノ吉方ヲトリ凶方ヲヨクル法也是皆陰陽

図16　上田白水『孫子義疏』計篇より。最初の行に「天草ノ四郎」がみえる。

「最下」「邪法」といちおう否定してはいるが、島原の乱の天草四郎を「兵法の骨髄」の例にあげた江戸期の『孫子』注は、たぶんほかにない（図16）。

宝暦一四年（一七六四）、肥前蓮池藩《はすのいけ》の岡白駒《おかはっく》（一六九二―一七六七）の校訂による『魏武帝註孫子』刊行も、『孫子』に対する需要の高まりを背景とするはずである。これは天正八年写本のような室町時代の伝本にもとづいたものらしいが、日本で初めての曹操注単行本の出版であり、本文の比較対照研究のきっかけを作った。そのほか、天明《てんめい》二年（一七八二）の藤堂高文《とうどうたかふみ》（一七二〇―一七八四）『孫子長箋《ちょうせん》』『孫子発揮《はっき》』（筑波大学中央図書館蔵）、成立年不明の皆川淇園《みながわきえん》註『孫武子』なども、この時期に属する。

以上にあげた著作を含め、一八世紀後半の『孫子』注釈は、武士による研究の普及を感じさせるが、概してどこか趣味的な気分を漂わせたものが多く、徂徠・白石の水準にはおよばない。本格的な原典研究の深みを感じさせる『孫子』研究の出現は、つぎの第三期を待たねばならなかった。

（第三期）一九世紀以降

さきに記したように、一七世紀後半以来の日本の攘夷論の仮想敵のひとつは満洲人であった。だから、乾隆帝の親征により、中央アジアのジュンガル王国が一七五七年に滅ぼされて清朝の領土に編入され、新疆《しんきょう》と命名されたことについて、水戸《みと》の藤田幽谷《ふじたゆうこく》（一七七四―一八二六）ははっきりと脅威を感じている。幽谷は、西への膨張をひとまず達成した清朝が、つぎに海を越えて日本へと軍事力を向けるのではないかと予期していた（会沢正志斎《あいざわせいしさい》『及門遺《きゅうもんい》範《はん》』)。

しかし、一九世紀に入ってからの仮想敵は、あいついで日本沿海に出現するイギリスやロシアの軍艦へと移っていく。天保《てんぽう》八年(一八三七)におきた大塩平八郎《おおしおへいはちろう》の反乱、天保一一年(一八四〇)から始まったアヘン戦争で清朝の軍隊がイギリスの火砲に勝てないという消息、これらが武士たちの意識に現実の戦争をつきつけてみせたことは、よく指摘されるとおりである。天保一三年(一八四二)四月一九日、江戸から帰国しようとした熊本藩の儒者木《き》下犀潭《したさいたん》(一八〇五—一八六七。京都帝国大学初代総長木下広次《ひろじ》の父)は、多摩《たま》川の六郷《ろくごう》の渡しまで来たとき、江戸から鎌倉をめざして早足で歩きつづけ、非常時にあたって自らの体力のほどを試みる幕府直参の武士の一群を目撃し、軍事的緊張の高まりを実感している(木下犀潭『韡村遺稿《いそんいこう》』巻二)。

『孫子』の読みかたにも、俄然として緊迫感が出てくる。佐藤一斎《さとういっさい》(一七七二—一八五九)が、天保一三年夏に自序を書いた『孫子副詮《ふくせん》』の火攻篇の案語《あんご》は、火砲が残虐な兵器で、できるだけ使用を避けるべきものだと断ったうえで、つぎのように言う。

然《しか》れども彼れに此《こ》の具《ぐ》〔火砲〕有りて、我れに其《そ》の備え無ければ、則《すなわ》ち自ら滅亡を取る、甚《はなは》だ不智《ふち》と為す。故に今に於《お》ては則ち火術〔砲術〕講明《こうめい》せざるを得ず。但《た》だ辺防《へんぼう》・海警《かいけい》、尤《もっと》も要務と為すのみ。(原漢文)

相手が火砲を保有しているのにこちらに備えがないのは、自分から滅亡を選ぶようなもので、賢いとは言えない、今日の情勢では砲術を研究しないわけにはいかないし、とりわけ国境防衛や海岸警備が重要なのだ——一斎がこのように書いた直後の七月二四日、アヘン戦争は清国の一方的な敗北で終結した。対外戦争の予感のもとで兵学への関心が高まるとともに、おびただしい『孫子』があふれる。長らく写本しかなかった新井白石『孫武兵法択』が万延《まんえん》元年（一八六〇）に初めて出版されたことでも分かるように（二四九頁、図31）、現在日本に存在する『孫子』の版本の大部分は、幕末になって新たに版木が彫られたもの、あるいは古い版木を用いて再刷したもの、木活字版である。家の本箱から一〇〇年二〇〇年前の古い『孫子』を探し出し、ほこりをはらって熱心に読んだ形跡のある本もみられる。

その一方で、幕末の『孫子』に目をとおすと興味深い現象に気がつく。清朝考証学《こうしょうがく》の浸透である。おおまかに言えば、江戸初期から一八世紀末までの『孫子』の注釈は、武挙参考書の影響をなお強く受けており、日本人による独自の原典研究は少なかった。ところが、天保年間（一八三〇—四四）からあとになると、それまでに見られなかったような高い水準の注釈が現れる。これは、江戸時代後半に漢学の平均的水準が顕著に向上していたところへ、長崎経由で輸入された中国の新刊書を読んで清朝考証学を知り、その学風を日本でも吸収しはじめたためであった。そこに攘夷論、戦いの準備といった時局の騒々しさは、ほとんど感じられない。『孫子』について言えば、孫星衍の刊行した平津館本『魏武帝註孫子』、同じく岱南閣本『孫子十家註』が天保四年（一八三三）に幕府の昌平坂《しょうへいざか》学問所によって覆刻され、信頼すべき本文を比較的容易に読めるようになった影響が大きいと考えられる。以下、第三期の代表的文献として、桜田簡斎《さくらだかんさい》『古文《こぶん》孫子正文《せいぶん》』、篠崎晱孤《しのざきけいこ》『孫子発微《はつび》』、伊藤鳳山《いとうほうざん》『孫子詳解《しょうかい》』、および中村経年《なかむらつねとし》『絵本孫子童観抄《どうかんしょう》』、吉田松陰『孫子評註』をとりあげる。

（一）桜田簡斎『古文孫子正文』――桜田簡斎（一七九七―一八七六）は名が迪《すすむ》（景迪《けいてき》）、幕末の仙台藩で活躍した勤皇派の人物である。かれは、自家伝来の『孫子』古写本によって、嘉永《かえい》五年（一八五二）に『古文孫子正文』『古文孫子略解』という書物を刊行した。これは、「三国〈曹操〉前の真本」『孫子』が日本だけに残っていたとして幕末期に大きな反響をよんだ本で、桜田本あるいは仙台本と通称される（新訂一九―二〇頁の解説参照）。ただし簡斎がもとづいた古写本は公にされておらず、所在も不明である。

現在の知見に照らせば、桜田本は漢代の竹簡本など出土資料と一致しないばかりか、唐代の資料よりもずっと新しい段階を反映しており、とうてい曹操以前にさかのぼれるようなものではない。いま台湾の国立故宮博物院に所蔵される〝日本室町末近世初〟写本の『孫子』（無注本）をみると、劉寅『武経七書直解』の意見をとりいれて、本文にかなり修正を加えようと試みている。桜田本のもとづいた古写本が実在したとすれば、おそらくこの種の室町時代末期のものだったのではないか。出版にあたっては、桜田簡斎自身の意見による改訂の手も加わっているであろう。

桜田本は『孫子』本文の読みにくい個所を解決するためにつごうのよい異文を含むため、利用されることがあった。たとえば伊藤鳳山は、「仙台本の異同は、杜撰《ずさん》過半なり。蓋《けだ》し浅学者の意〔主観的判断〕を以て妄改《もうかい》〔不見識な訂正〕するもの多し」と批判しながら、適当だと認めた場合だけ桜田本を根拠に本文を訂正する。しかし、総体的な評価としては、武内義雄が「この本の原本は早くとも足利末期以上に溯るものではない」と考え、校訂に利用しなかった態度が最も妥当である（『孫子の研究』）。

桜田本が出てきた背景には、中国で失われた古い書籍が日本に伝わっているはずだという中国側の期待感、日本側の被期待感と文化的優越願望を考えなくてはならない。一〇世紀以降の中国には、秦の始皇帝が徐市《じょふつ》（徐福《じょふく》）らを遣わして仙薬を求めさせた地は日本であり、かれらが携えていった多くの古典が日本に残っているはずだ、という幻想があった。日本の側も、自らの国家の安定性を主張し、中国からの羨望の視線を誘おうとした。本章冒頭の『三略口義』の説くところも、まさにそうした意識をふまえている。とりわけ一八世紀になると、山井崑崙《やまのいこんろん》の『七経孟子考文《しちけいもうしこうぶん》』（一七三一年）、根本武夷《ねもとぶい》校訂の皇侃《おうがん》『論語集解義疏《ろんごしっかいぎそ》』（一七五〇年）、徳川幕府の昌平坂学問所出版の『佚存叢書《いつぞんそうしょ》』（一七九九―一八一〇年）などが輸出され、失われた古典籍が日本に実際に残っていることが知られて、清朝の学者を驚かせている。それならば日本に古い『孫子』があってもおかしくない——昌平坂学問所の安積《あさか》艮斎《ごんさい》が書いた桜田本の序には、日本の守ってきた文化の純正性を鼓吹する民族意識が強くただよっている。

わが国に残っている『論語』には菅家本《かんけ》、清原家本、足利学校本さらに梁の皇侃『論語義疏』本などがある。どれも伝来したのは唐代のことで、朱子の『四書集注《ししょしっちゅう》』本とは違いが多い。〔朱子のいた〕南宋は地方政権たるに甘んじ、中国の半分にすぎない江南のみを保っていたため、朱子が見られたのは邢昺《けいへい》『論語注疏《ちゅうそ》』本だけだっただろう。皇国は百世一系で王朝の交替もないため、中国では失われたのに、わが国ばかりに残った古典籍が多いのではないか。（原漢文）

艮斎は『論語』の古い本が日本に伝わることを例にあげ、桜田本こそ曹操以前の真の『孫子』であり、それがいまや「東方君子の邦」の日本に出現したのだと言う。すなわち、『古文孫子正文』は、江戸時代考証学という姿をかりた日本ナショナリズムの発現なのである。桜田本は、一九世紀における日本の対中国意識を考えるために読み解かれるべき存在としての意義を有する。

（二）篠崎暎孤『孫子発微』――篠崎暎孤（一七八〇―一八四八）は名が司直《しちょく》、別号は固《こ》窮《きゅう》、上総《かずさ》国山辺《やまのべ》郡（現、千葉県大網白里《おおあみしらさと》市）の人。漢学を太田錦城《おおたきんじょう》に学び、あわせて長沼《ながぬま》流の兵法の心得もあった。睽孤は兵書の研究に努め、一〇年あまりを費やして『孫子発微』『呉子発微』（『孫呉《そんご》発微』）の原稿を完成したものの、資金に乏しいため自力での出版ができなかった。韮山《にらやま》代官江川《えがわ》太郎左衛門《たろうざえもん》英龍《ひでたつ》の援助を得て木活字版による『孫呉発微』の印刷が始まったのは弘化《こうか》三年（一八四六）、完成したのは万延元年（一八六〇。図17）。睽孤はすでに江戸で死去していた（『山武郡郷土誌』一九一六年）。

『孫子発微』も、アヘン戦争終結の直前、天保一三年（一八四二）四月二五日の自序。そこには、

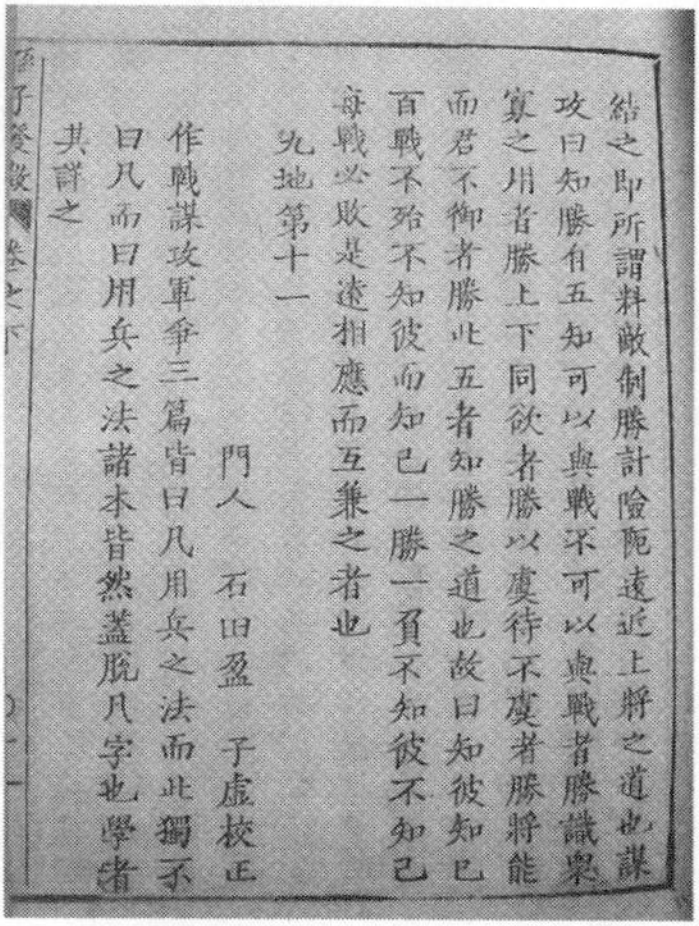
孫子發微　巻之下

結之即所謂料敵制勝計險阨遠近上將之道也謀攻曰知勝有五知可以與戰不可以與戰者勝識衆寡之用者勝上下同欲者勝以虞待不虞者勝將能而君不御者勝此五者知勝之道也故曰知彼知己百戰不殆不知彼而知己一勝一負不知彼不知己毎戰必敗是遠相應而互兼之者也

九地第十一

門人　石田盈　子虚校正

作戰謀攻軍爭三篇皆曰凡用兵之法而此獨不曰凡而曰用兵之法諸本皆然蓋脱凡字也學者其詳之

図17　篠崎睽孤『孫子発微』九地篇より。万延元年（1860）木活字版。

今、北狄《ほくてき》鄂羅斯《オロス》、日に以て強大に、年に以て兼幷《けんぺい》し、而《しか》も其の与国《よこく》・属賊《ぞくぞく》と曁《とも》に舌を吐き涎《よだれ》を垂れ、亟《しば》しば来りて我れを窺《うかが》う。大日本は、聖天子上に在りて、朝廷の政事は寛仁にして清明に、海内《かいだい》は草のごとく靡《なび》き、鱗のごとく服し、万万に憂い無しと雖《いえど》も、

四方の士民能《よ》く兵書を読み、其の術に通暁するは、亦《ま》た虞《はか》らざるに備うるの一事ならずや。而して『孫子』の書、古今の注釈は皆な夢夢《ぼうぼう》〔うすぼんやり〕として明らかならず。是の故に予の『孫子』に注する者は、草莽《そうもう》の微忠、以て国恩の万一に報ぜんと欲するのみ。（原漢文）

とあり、ロシア南下などの対外的危機感を背景としていることが知られる。注釈は、『孫子』の本文そのものに内在する文の脈絡、および漢代以前の文献の用例にもとづいて読む方針で書かれており、自ら正しいと信じた場合には、用間篇を第一二、火攻篇を第一三と入れ替えるなど、かなり大胆に本文訂正を提案する。幕末の『孫子』考証学を代表する著作のひとつだが、先人の注釈を必要以上に罵倒するなど激しいところがあって、それほど広く影響を与えたようではない。

（三）伊藤鳳山『孫子詳解』――伊藤鳳山（一八〇六―一八七〇）は、名を馨《かおる》と言い、出羽《でわ》酒田の人。のち数度にわたり三河《みかわ》田原《たはら》藩に仕え、渡辺崋山《わたなべかざん》とも親しい尊王開国論者であった。鳳山は、学問的にみると優秀な人だが、酒のうえでの大きな失態を何度もくりかえし、周囲に手を焼かせた。安政《あんせい》二年（一八五五）、田原藩に第二回の仕官をしたとき、「『孫子詳解』は田原藩で版行の援助をすること、鳳山は三カ年間禁酒を励行すること」が条件になったといい、このころまでには原稿が完成していたらしい（『田原町史（中）』田原町教育委員会、一九七五年）。しかし、田原藩は財政の窮乏により『孫子詳解』刊行の約束をはたせず、鳳山は個人的にあちこちから援助を得て、自力で出版せざるを得なかった。文久《ぶんきゅう》元年（一八六一）に書かれた尾張《おわり》藩家老竹腰正諟《たけのこしまさあと》の序に「抑《そもそ》も方今《ほうこん》洋夷猖獗《よういしょうけつ》し、禍は測る可《べ》からず。既に互市《ごし》を通ずる〔通商関係ができる〕と雖《いえど》も、其の貪林《たんらん》にして厭《あ》くこと無き、恐らくは竟《つい》に事無きを保ち叵《がた》からん〔たぶん最後には何もなしではすまないだろう〕」、盛岡藩士土沢欽《つちざわきん》の跋《ばつ》に「邇《ちか》ごろ蛮舶《ばんぱく》は日日《ひび》に港に入り、夷館《いかん》は四浜《しひん》に碁布《きふ》すれば〔外国公館が各地の海岸に数多くあるので〕、則ち我が皇国設《もう》け無かる可からず」とあるように、刊行されたのは嘉永六年（一八五三）の黒船来航、翌七年の日米和親条約、安政五年（一八五八）の日米修好通商条約といったできごとの後である。

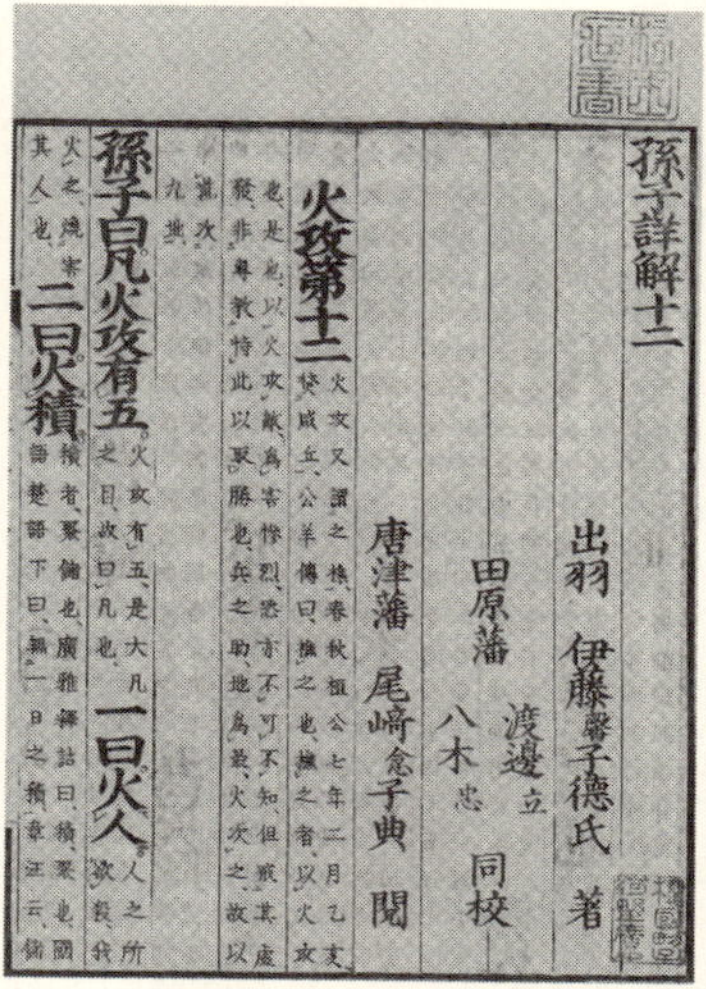
孫子詳解十三
出羽　伊藤馨子德氏　著
田原藩　渡邊立　八木忠　同校
唐津藩　尾﨑愈子典　閲
火攻第十三
孫子曰凡火攻有五
一曰火人
二曰火積

図18　伊藤鳳山『孫子詳解』火攻篇より。文久２年（1862）刊。明治・大正時代の政治家河野広中の旧蔵。

ただ序や跋の緊張感とは異なり、鳳山の注釈自体は、平津館本『魏武帝註孫子』を底本とし、春秋時代の歴史を描いた『左伝』や『国語《こくご》』にみえる戦史上の実例と細かく対照させて『孫子』を解説したもので、落ち着いた書きぶりは世の騒がしさを感じさせない。たとえば作戦篇の「内虚於家（内《うち》は家《いえ》に虚なり）」の「内」が「用」を意味するという説を論証するにあたり、『荀子』と『素問《そもん》』の用例を引くなどきわめて着実で、幕末の『孫子』注釈のうち最高の水準にある（図18）。

（四）中村経年『絵本孫子童観抄』――現代の日本で出版された『孫子』の解説書は多数あるが、大半は経営・ゲームなどへの応用を説いている。もともと軍事の専門家向けの本だった『孫子』がこのような〝読み物〟化をおこしたのは、どうやら幕末期かららしい。その代表例が、中村経年《つねとし》（一七九七―一八六二）、筆名を松亭金水《しょうていきんすい》という読本《よみほん》作家が慶応《けいおう》元年（一八六五）に出した『絵本孫子童観抄』である。本書は、林羅山の著『童〔こども〕観〔読む〕抄〔注釈書〕』にならった題名で、原文にはすべてカタカナで読みをつけ、注釈文にはすべてひらかなをふり、『太平記』・戦国軍記から引用した大量の歴史物語を中心にした構成で、『孫子』そのものはきわめて影がうすい。幕末の武士たちが兵書を読み、一般人も『孫子』に興味を抱きはじめた時勢に乗じた純然たる読み物である。挿絵の題材も中国とはおよそ関わらない日本のものが多く、虚実篇に至っては、虚が実を生むということにかけて「浅草田《た》んぼ妖怪の昔語」（巻六）という化け物ばなしを始めている（図19）。『孫子』注釈史のうえでは取るに足りない書物だが、わざわざ新出の桜田本を参考に本文を改めているようなところもあり、一九世紀日本と『孫子』を考えるためにはおもしろい存在である。

（五）吉田松陰『孫子評註』――以上のような幕末の『孫子』校訂本や注釈の流行を見ると、いささかの感慨がある。仙台の『古文孫子正文』、上総の『孫子発微』、酒田の『孫子詳解』、それぞれに特色を持つが、すべて東北・関東の出身者によって書かれている。ところが、幕末の西日本には、篠崎暌孤や伊藤鳳山に比肩しうる水準の『孫子』の注を書いた人物がひとりもいない。それどころか、西日本から中部日本のすぐれた学者で、欧米との戦いに『孫子』がそのまま役立つと主張する者は見あたらないのである。

図19　中村経年『絵本孫子童観抄』虚実篇より。「浅草田んぼ妖怪の昔語」を題材とした挿絵。『孫子』と関係のない化け物ばなしを始めてしまうところから、本書の性格が分かる。京都大学附属図書館蔵。

たとえば、津藩の漢学者土井《どい》聱牙《ごうが》（一八一七―一八八〇）には、「孫武の十三篇は、未だ嘗《かつ》て一言《いちげん》の医に及ぶなし」、『孫子』はただの一言も戦傷病者の治療について言及しない、という名言がある（『外科簡方』序）。聱牙が言いたかったのは、西洋の科学技術に対抗できる知識体系が、中国の古代兵法には欠落していた、ということである。銃創や火薬爆

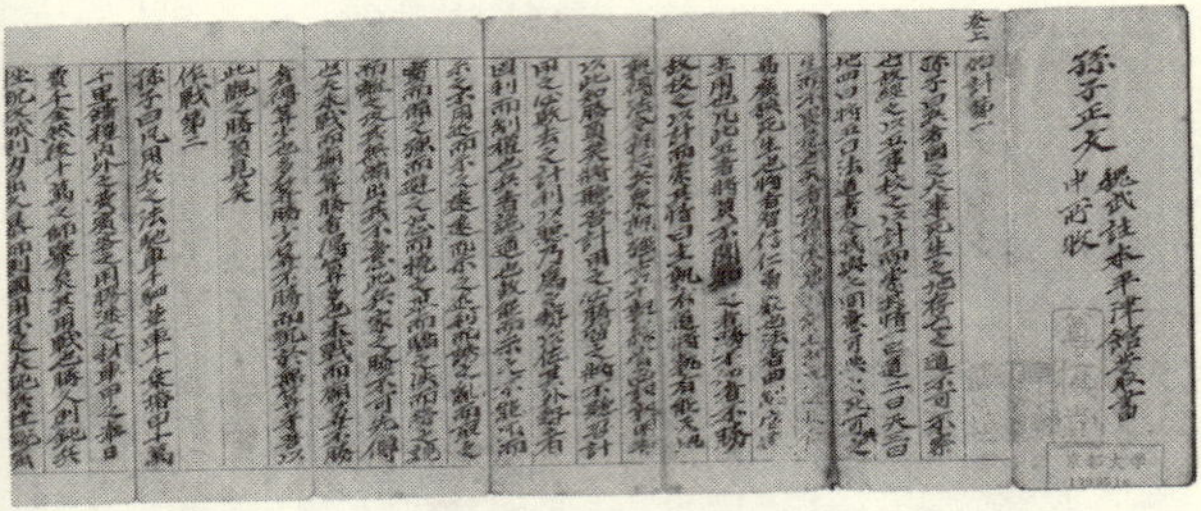

図20　吉田松陰自筆『孫子正文』。淡路島の人、賀集寅次郎（1842-1906）の旧蔵。京都大学附属図書館蔵。

発のやけどを治療するには西洋の外科医術を知らねばならないし、射撃には西洋測量術による着弾距離の計算が必要である。嘉永六年（一八五三）にペリーの黒船が来たとき、津藩は、三角関数や西洋測量術の教科書を印刷し、藩士を長崎へ派遣してオランダ語を学ばせた。九州はもっと先進的で、豊後《ぶんご》日出《ひじ》（現、大分県日出町）の帆《ほ》足《あし》万里《ばんり》（一七七八―一八五二）一門に代表される漢学者たちは、西洋の物理学や工学へと視線を転じはじめている。熊本では木下犀潭の弟子たちが、同時代中国で書かれた対外交渉の著作を読み、海外の法学にも関心を示している。森《もり》鷗外《おうがい》「安井夫人」で知られる、飫肥《おび》藩清武《きよたけ》（現、宮崎県宮崎市清武）出身の安井《やすい》息軒《そっけん》（一七九九―一八七六）は、幕府官学の昌平坂学問所に仕える醇乎《じゅんこ》とした朱子学者だったが、洋学の知識を原典で学びたいと考えてオランダ語文法書を購入したことがある（『韓村遺稿』巻二「原田直清墓表」の案語）。外国の新知識を吸収する気風、そして学習手段があるかないかによって、幕末期各地の漢学者たちの選び取るみちは、異ならざるを得なかった。

東西日本にこのような落差があるなかで、特色ある西日本の注釈として、吉田松陰『孫子評註』(一八五八年)をあげておきたい。松陰は、言うまでもなく長州《ちょうしゅう》藩士、幕末を代表する思想家のひとりである。『孫子』を好んで、自筆の写本をいくつも残した(図20)。しかし、かれが日本の戦略を語った『幽囚録《ゆうしゅうろく》』(一八五四年)、「武士道」を説いた『武教講録《ぶきょうこうろく》』(一八五六年)などを知ったうえで、期待とともにこの『孫子評註』を開くと、あてがはずれるだろう。ページをめくっていけば、終わりのほうで鎖国批判や日本の進路についての意見も出てくるけれども、その量は決して多くない。内容のかなりの部分は『孫子』の修辞と構成をめぐる批評である。たとえば、作戦篇の

久則鈍兵挫鋭、攻城則力屈、久暴師則国用不足。夫鈍兵挫鋭、屈力殫貨、則諸侯乗其弊而起。雖有智者、不能善其後矣。故兵聞拙速、未睹巧之久也。夫兵久而国利者、未之有也。

久しければ則ち兵を鈍《つか》らせ鋭《えい》を挫《くじ》く。城を攻むれば則ち力屈《つ》き、久しく師《し》を暴《さら》さば則ち国用足《こくようた》らず。夫《そ》れ兵を鈍らせ鋭を挫き、力を屈くし貨を殫《つ》くすときは、則ち諸侯其の弊《へい》に乗じて起こる。智者ありと雖《いえど》も、其の後《あと》を善くすること能《あた》わず。故に兵は拙速《せっそく》なるを

聞くも、未だ巧久《こうきゅう》なるを睹《み》ざるなり。夫れ兵久しくして国の利する者は、未だこれ有らざるなり。（読み下し文は新訂三六頁により、傍線・傍点は筆者が加えた）

について松陰は記す。

三句を約《やく》して一句と為す。粗《ほ》ぼ数字を改め、則《そく》の字を以て斡旋《あっせん》し、以下層々《そうそう》転折し、一つの矣《い》、二つの也、頓挫《とんざ》し得《え》尽《つく》し、人をして凜々《りんりん》として、久しきを以て戒と為さしむ。然《しか》れども、是《こ》れ唯だ尋常の兵略を以て言ふ、至論に非ず。且《しばら》く下段の分解〔解釈〕を看《み》よ。

（『吉田松陰全集』（普及版）第六巻、岩波書店、一九三九年、三二五頁によって引用）

この一段を説明すれば、以下のようになる。「久則鈍兵挫鋭、攻城則力屈、久暴師則国用不足」の三句は、「夫鈍兵挫鋭、屈力殫貨」の一句にまとめられている。「国用不足（国用足らず）」が「殫貨（貨を殫くす）」に置き換えられるなど表現を改め、傍点を付した「則」で後につなぎ、以下たたみかけて新しいことがらを示している。その際、語末の助字「矣」を一回、「也」を二回用い、ことばの流れをしっかり切り替えてアクセントをつけており、戦いを長びかせてはならないことが読者にはあざやかに印象づけられる。ただし、ここで述べられているのは一般的な戦略にもとづいた『孫子』の見解にすぎず、極意とまでは言えない。そのことは後に解説するところを読んでほしい、と。

この書きかたは、中国明清《みんしん》時代の民間でつくられた文章作法や小説に加えられている評語(評点《ひょうてん》)の模倣であるが、修辞の分析としてはまちがっていない。松下村塾《しょうかそんじゅく》の『孫子』講義は、原典そっちのけで自由に議論をするなどというものではなかった。助字の「矣」の有無までおろそかにしていない。したがって、『孫子評註』は、読み手・書き手・語学教師としての松陰を知ることができる、文章論の著作でもある。『孫子』講義を聴いた少数の弟子たちも、松陰の解説を理解する力をそなえていた。

松陰がこのような読みかたをしたのは、『孫子』に深さを感じ、一字一句をおろそかにしない精読ぬきでは意図を正確につかめないと考えたからである。松陰は、長州藩の山鹿流兵法師範の家を継いでいたが、二〇〇〇年前の山鹿素行の兵法や築城法が西洋列強の火砲に対して通用するなどとは信じていない。兵学校で銃砲の使用法や外国語を教え、欧米の原書も読ませ、優秀な人材は海外に長期留学させよというのがかれの主張である(『幽囚録』)。しかし、素行よりはるかに古い『孫子』に、松陰は千載不易《せんざいふえき》、時代を超えた普遍性を見いだした。

『幽囚録』において、松陰は『孫子』の「彼れを知りて己れを知」る、といった句を糸口に、欧米の情勢を知る必要性について議論をくりひろげる。『孫子評註』のところどころにも、日本をとりまく国際情勢まで考慮に入れたうえで、『孫子』の有効性を指摘したところがある。中国や日本といった範囲を超え、世界に対する戦略を考えるための思想書として『孫子』を日本で最初に位置づけようとしたのは、おそらく吉田松陰ではないだろうか。松陰によるこの位置づけは、やがて二〇世紀日本における『孫子』利用のひとつの基調を形成していくことになる。

第四章　帝国と冷戦のもとで

日清・日露戦争と『孫子』の聖典化

福沢諭吉《ふくざわゆきち》は、幕末の元治《げんじ》元年（一八六四）に東海道を旅したとき、近江水口《みなくち》に住む父の友人中村栗園《なかむらりつえん》の家に立ち寄らず、すどおりした経緯につき、「水口の中村先生は近来もっぱら孫子の講釈をして、玄関には具足などが飾ってあるという、問うに及ばず立派な攘夷家である」（『新訂　福翁自伝』岩波文庫、二二〇頁）と回顧する。洋学の徒からみると、幕末の『孫子』は旧弊な攘夷論者を示す記号になっていた。その結果、維新後に文明開化が提唱されると、『孫子』はほとんど誰もかえりみない本になる。

『孫子』だけではない。京都東洋学の創始者のひとり狩野直喜《かのなおき》が、明治四四年（一九一一）夏の講演「支那《しな》近世の国粋主義」において、「今でこそ誰《だ》れも国家とか国体とか武士道とか口癖の様に唱えて居るけれども、昔《むか》しは随分これと反対の言論をやった」と回想するように、明治初期から二二年（一八八九）ごろまでの日本では、非西洋的なものが表舞台からほとんどすがたを消す状況になっている。

ただし、この間、明治一四年（一八八一）の政変の後、自由民権運動をおさえこむ意図で、数年間にわたって漢学的道徳教育が重視されたことにはふれておくべきだろう。この復古現象に激しく反発したのが福沢諭吉だったが、かれでも同時期の論文で「日本の士人は忠誠宗《せいしゅう》の信徒」、「我《わが》日本の士人は常に能《よ》く儒教を束縛して自家固有の精神を自由にしたる者」と強調し、「日本士人の道徳」である武士道観念を興起させようとしている（「徳教之説」一八八三年一一月）。つまり復古賛成反対の両派は表面的に激論を戦わせていたが、根底では漢学復興派、洋学派双方に伝統回帰的な動きがみえることになる。この復古的風潮のもとで、明治一六年（一八八三）に保岡嶺南《やすおかれいなん》（一八〇三―一八六八）『孫子読本』、翌一七年（一八八四）に陸軍中将山県有朋《やまがたありとも》の序を冠した平山兵原《ひらやまへいげん》（一七五九―一八二八）『孫子折衷《せっちゅう》』が出版された。明治期における第一次『孫子』復興である。

このときの復興は一時的であり、影響も小さかった。明治二七年（一八九四）二月一八日、漢学者城井寿章《しろいひさあき》が西村豊《にしむらゆたか》『孫子講義』のため寄せた序にはこうある。「今や兵制 大いに変じ、孫〔子〕・呉〔子〕の書は、皆な之れを高閣《こうかく》に束《つか》ね、殆《ほとん》ど古暦書の今日に用いらるること無きが如し。近ごろ西人《せいじん》に好んで諸子を読む者有り、是《ここ》に於て孫〔子〕・呉〔子〕も稍《や》や世に行わる」。日本の軍隊が洋式になってから、『孫子』『呉子』などの兵法は高い棚にあげられて手にとる者もなくなり、まるで古くなった暦のようなあつかいを受けていたが、西洋人が中国の諸子百家を研究しているのに刺激され、古兵法も多少注意をひくようになってきた、と城井は言う。第一次『孫子』復興が根づいていれば、こんなことは言わなかったはずである。

この序が書かれた七ヵ月後の九月一七日、黄海海戦で日本艦隊が清国艦隊を破り、翌明治二八年（一八九五）四月に日清戦争が日本の勝利をもって終わる。その二年後、福沢は、この戦争は文明進歩の勝利だ、日本の「西洋書生」の努力の結果だと断言した同じ文章のなかで、つぎのような危惧も口にせざるを得なくなっていた。

或《あるい》は其《その》多数の頑愚論に圧せられて、今の世界に周公《しゅうこう》孔子の政《まつりごと》を行ひ孫〔子〕呉〔子〕の兵法を談ずるが如き極端の愚を演ずることもあらんには、啻《ただ》に文明の退歩のみならず、同時に国の独立は覚束《おぼつか》なかる可し。

（「西洋書生油断す可からず」一八九七年七月一八日）

福沢はどうして儒教や古兵法の復活を警戒しなくてはならなかったのか。じつは、日清戦争の勝利が、欧化一辺倒だった日本国内の風潮に変化をもたらしはじめていた。強力な装甲艦を有する清国海軍に、黄海海戦で予想外の勝ちを収められたのはなぜか。日本軍の士気がまさっていたばかりでなく、日本に独自の軍事的伝統があるからではないか。そう考えた海軍省は、古来の伝統の顕彰をめざし、海軍大臣西郷従道《さいごうつぐみち》の指示によって全国各地から水軍兵法の写本をさし出させ、旧唐津《からつ》藩主の家に生まれた海軍将校小笠原長生《おがさわらながよ》らに研究を命じた

（大森金五郎《おおもりきんごろう》「中世の軍法書及び水軍の書について」、日本歴史地理学会編『日本兵制史』日本学術普及会、一九二六年、に引く小笠原長生の証言）。これら水軍文献は、江戸時代軍学の強い影響下に形づくられ、しばしば『孫子』を引用している。

そして、『孫子』第二次復興と言うべき現象もみられる。明治三一年（一八九八）、羽山尚徳《はやまひさのり》『軍人立志編』は、巻頭に伊東祐亨《いとうゆうこう》海軍中将・川村景明《かわむらかげあき》陸軍中将・小笠原長生海軍大尉の題字を掲げ、本文には日清戦争期の勅語、日本の国体の解説、各国の著名な武将・軍人の逸話などを並べ、全体的に国家主義的色彩の強い書物で、「孫子」の項目には孫武略伝のみならず『孫子』始計篇・軍形篇・虚実篇の全文を収めている。また、明治三三年（一九〇〇）の平山安五郎《ひらやまやすごろう》（黄巌《こうがん》）『和魂之友《わこんのとも》』は、前編が陸軍各兵科の操典《そうてん》・軍人勅諭・教育勅語・楠公《なんこう》遺訓などの抄録、後編が『三略』『孫子』『呉子』『司馬法』『六韜』および陣図という構成で、「わが国民の尚武的元気発達の要に供する」ことをめざしていた。『孫子』を大和魂と結びつけた点で、この本はきわめて注目すべき存在である。『和魂之友』は、明治三六年、四一年とかなり大きな改訂を重ねつつ出版されつづけた。

明治三七年（一九〇四）から始まった日露戦争の勝利は、伝統回帰傾向をますます加速させた。翌年五月の日本海海戦でバルチック艦隊が敗北し、ほぼ戦争全体の帰趨が定まってから、文明批評家として盛んに論陣をはっていた姉崎正治《あねさきまさはる》は、日本の戦勝の原因が「外国人のみならず日本人自身にも疑問となつて、近頃はその原因を武士道に帰するといふ意見が多く、武士道の回顧又唱道《しょうどう》も漸く盛ならんとしてゐる」と記す（「戦勝と国民的自覚と日本文明の将来」『太陽』一一巻七号、一九〇五年）。二年後の明治四〇年（一九〇七）、第一生命保険の創業者矢野《やの》恒太《つねた》が自ら注を加えて出版した『ポケット論語』の序にも「我《わが》勝利を得たる所以《ゆえん》のものは、決して物質的文明の敵国に勝《すぐ》れたるに由《よ》るに非ずして、却《かえっ》て纔《わずか》に軍隊の間にのみ残存せる我武士道に基《もとづ》けることは争ふべからざる事実に非ずや」と強調し、「論語は我武士道の母」とまで言う。吉田松陰『武教講録』などに直接の源を発する「武士道」は、日本の伝統形成に影響を与えた外来思想の要素までとりこんだ日本式東洋イデオロギーへと拡大し、西洋思想に対抗するための体系として新たに構築された。

　戦勝と「武士道」の再建は、日本固有の軍事的伝統や中国兵書への関心をいっそう深めさせた。すでに水軍研究の実績を積んでいた小笠原長生は、明治三九年（一九〇六）六月の講演「中古水軍の戦法」で、「殆ど西洋の戦術を入れないで、日本古来の水軍を以て日本海の勝利を説明することを得るのであります」と断言、西洋に対する大和魂の優越性を強調し、野《の》島《じま》（能島）流水軍が『孫子』を重んじることにも言及している（『史学雑誌』一七編七号、一九〇六年。『水交社記事』三巻三号に転載）。小笠原のいくつかの著作をとおしてみる限り、このような手放しの伝統兵法礼賛を始めたのは日本海海戦以降のことである。翌年には海軍将校の親睦団体水交社《すいこうしゃ》が伊藤鳳山『孫子詳解』を読み下し文に改めて刊行した。明治四一年（一九〇八）には、旧長州藩出身で、吉田松陰の叔父玉木《たまき》文之《ぶんの》進《しん》に学んだこともある乃木希典《のぎまれすけ》陸軍大将が、吉田松陰自筆本『孫子評註』に松陰の曽孫庫三《くらぞう》の跋を加え、私費で複製した。

このように、軍関係者が日本人による『孫子』の注釈を選んで刊行するのは、中国人の書いた原典そのままでない、日本独自の解釈が好ましいとしたからだろう。さらに、明治四二年（一九〇九）には、伊藤鳳山と同じ山形県酒田出身の佐藤鉄太郎《さとうてつたろう》海軍大佐『帝国国防史論』が、「用兵の義に就《つき》ては、武経七書の論ずる処、堂々として則《のっと》るべきものが多い」と中国兵書を強く肯定した。明治四五年（一九一二）、巻頭に「天覧」の朱印、東郷平八郎《とうごうへいはちろう》・乃木希典の題字を掲げた山鹿素行『孫子諺義』の出版は、一連の動きの頂点を示す。

この後も、日本陸海軍関係者による『孫子』注釈の動きはつづき、大正六年（一九一七）五月に「今日の如く西洋思想の独り瀰漫《びまん》して、東洋の文物を閑却《かんきゃく》せんとするのときに於《おい》て」有益だとして刊行された落合豊三郎《おちあいとよさぶろう》陸軍中将『孫子例解』（国立国会図書館蔵）、佐藤鉄太郎海軍中将『意訳孫子（講究録附録）』（一九一九年、防衛省防衛研究所図書館蔵）、同『孫子御進講録』（一九三三年、同館蔵）、陸軍士官学校教授尾川敬二《おがわけいじ》『戦綱典令《せんこうてんれい》原則対照　孫子論講』（一九三四年）へと継承されていく。明治末期以降のこうした注釈に目をとおしていて感じられるのは、現在の中国人に『孫子』を充分に理解応用する能力はない、まして西洋人にはむりなことであり、日本人の書く『孫子』解釈だけを読んでいればよい、という自足感である。

幕末武士社会の『孫子』流行が中村経年『絵本孫子童観抄』を生んだような事態もくりかえされた。『孫子』が民間へ拡散し、先物取引や株式相場への応用が語られはじめるのは、明治末期から大正期にかけての顕著な現象である。例として、早坂豊蔵《はやさかとよぞう》『株式期米《きまい》相場経済学』の「相場と兵法」（一九〇九年）、山田風雲子《やまだふううんし》ら『成功極意 相場明星』の「商戦に兵法の応用」（一九〇九年）、早坂豊蔵『最新株式の研究』の「株式応用孫子訳註」（一九一一年）、斎藤整軒《さいとうせいけん》『期米相場罫線学』（一九一二年）の附録〝米商応用益子《えきし》〟（『孫子』は〝損《そん》子《し》〟になってしまうので字を換えたのだろう）などをあげておく。二〇世紀初頭におきた、いわば『孫子』の民生転用現象は、中国兵書の日本化を代表するできごとのひとつだと思われる。「武士道」再建が一世を風靡し、兵力動員数が一〇〇万人を突破した日露戦争を通じて、戦争や軍隊が一般人にも身近なものとなってきた時代であった。

〝孫子〟を、必勝法・秘伝を意味する普通名詞として用いたかのような書籍さえ出ている。大正二年（一九一三）の原田《はらだ》祐三《ゆうぞう》『商業孫子』（国立国会図書館蔵）は、日本の貿易商の一部が商業倫理を欠いており、「忠孝無比の日本人が世界商業の舞台に出づれば忽《たちま》ち不徳義漢と化するなり」と憂え、武士道ならぬ「商士道」の確立を説いた本だが、構成・内容ともに『孫子』とはほとんど全く似ていない。大正八年（一九一九）の白圭漁史《はくけいぎょし》（増島信吉《ますじまのぶきち》）『選挙孫子』（国立国会図書館蔵）は、始計・出馬・挑戦・争奪・用間・軍費・決勝の七篇からなり、選挙立候補者のために地盤侵略・戸別訪問・買収費・当日の狩出《かりだし》などと具体的に解説するが、『孫子』本文はごく部分的に利用されているにすぎない。

このようなふんいきのなかで、『孫子』のゆきすぎた聖典化がすすんでいく。昭和五年（一九三〇）四月、日本海海戦二五周年を記念して実業之日本社から刊行された小笠原長生『撃滅 日本海海戦秘史』は、発売後わずか一ヵ月で二五刷、その後も増刷をつづけた本であるが、「〔東郷平八郎〕大将の愛読書たる孫子――それは対露戦役の際も終始携へられて居た」、「〔日本海海戦の戦策は〕大将が多年の研鑽《けんさん》に加ふるに、近き旅順《りょじゅん》海戦の実験を参酌し、なほ孫子を始め兵法七書並びに本邦中古水軍の精神等をも味はふてなりしもの」、「軍聖孫子」（傍点は筆者）などと煽《あお》り、『孫子』が必勝の書であるという観念をいっそう定着させたのではないかと思われる（きわめて不思議なことに、一九一〇年代までに書かれた各種の東郷伝は、全く『孫子』に言及しないし、大正一〇年（一九二一）に春陽堂から刊行された小笠原の著『東郷元帥詳伝』にもほとんど『孫子』の名は出てこない）。

昭和一〇年（一九三五）一〇月に書かれた岩波文庫『孫子』戦前版「緒言」は、

孫子の書が古来帝王の秘本たり、復《ま》た将相《しょうしょう》〔将軍・大臣〕の秘本たり、其の他凡《あら》ゆる闘士、猛士の秘本たりしことは、今更《いまさら》縷説《るせつ》する迄もなき所である。凡《およ》そ国家経綸《けいりん》の要旨、勝敗の秘機、人事の成敗、皆此の中に在る。

のか。

とたたえる。『孫子』は無価値ではない。だが、かくも万能の本にしたてあげる必要がある

異彩を放つのは、寺岡謹平《てらおかきんぺい》海軍大佐（のち中将）による劉寅『武経七書直解』の全訳である。これは、寺岡が中華民国海軍部から招かれ、首都南京《なんきん》で中国海軍の高級将校に戦略・戦術を講義した期間の副産物だが、「当世〔日本〕の所謂《いわゆる》孫子研究家」が「今日の頭を以て独善的に〔古人の注釈を〕批判したり、或は欧洲戦〔第一次世界大戦〕を引証して得意然たる」のとは異なり、自らのことばをいささかも加えない、原典に忠実な訓読訳である。「本書の研究に際して、周箴吾並《しゅうしんごなら》びに尤篤士《ゆうとくし》の両先生が終始余《よ》を援助し、故事熟語等難解の字句を調べ上げ、教示せられたことに対して深く謝意を表する」と述べた序は、「昭和十二年（民国廿六年）七月、蘆溝橋《ろこうきょう》に燕雲《えんうん》〔燕雲十六州（河北省・山西省北部）〕急なるの日、金陵《きんりょう》〔南京〕の客盧《かくろ》〔旅先の住居〕に於て」、つまり一九三七年七月七日直後の執筆。寺岡は七月一〇日まで講義を続け、市民の抗日意識の高まりにより、翌月一二日帰国の途についた（寺岡謹平述『南京引揚げの顚末』日本外交協会、一九三七年九月、一橋大学附属図書館蔵）。日本軍が南京を完全に包囲して総攻撃を開始したのは、四ヵ月後の一二月一〇日。寺岡の研究を支えた周箴吾・尤篤士の生死については、知るところがない。

なお、北海道大学附属図書館蔵の寺岡訳『武経七書直解』は、佐藤鉄太郎の題辞（昭和一三年執筆）を冠し、見返しに「寺田《てらだ》〔祐次《すけじ》海軍〕少将閣下　昭和十七年〔一九四二〕六月於

南京　寺岡謹平敬贈」、「昭和廿八年（一九五三）、先輩寺田祐次先生より、於〔ママ〕久里浜《くりはま》幹部学校に於て頂戴せり。心読を誓ふ。浦部聖《うらべたから》〔当時、保安隊幹部学校教育部長。元海軍参謀〕」と墨書されたもので、佐藤鉄太郎以来の旧海軍の『孫子』愛好が、保安隊・自衛隊の教育研究へと継承された過程を示している。

近代中国陸海軍への影響

明治末期から大正初期の日本軍にみられる『孫子』熱の影響は、中国にも及んだ。一九世紀に、アヘン戦争・清仏《しんふつ》戦争などだてつづけに西洋近代の軍事力に敗北した清朝は、伝統的兵法など時代遅れだとして見捨て、科学技術の輸入に力をそそぎはじめた。当然ながら、明治初中期の日本と同じく、『孫子』は守旧の象徴である。ジャーナリスト曽樸《そうぼく》（一八七二―一九三五）が清朝末期の三〇年を描いた長編小説『孽海花《げっかいか》』は、日清戦争のとき、熱心に『孫子』を読んで対日本軍の作戦を考える将軍を戯画化して描く（第二五回）。

二〇世紀最初の一〇年、中国の開明派の一部は、明治日本の制度や学術を模範とし、尚武の精神や徴兵制を中国にも根づかせようと提唱していた。軍国主義こそ中国がめざすべき理想とする声もある。中国人の体格や体力がすぐれ、軍事を重んじていた時代――たとえば戦国時代から漢代――にこそ力強い文学が作られた、という主張さえ、やがて現れてくる（章《しょう》炳麟《へいりん》「文学略説」）。

中国軍が西洋化するためには、さきに西洋化に成功している日本に学ぶのが早い。このような意識から、清国陸軍は、幹部候補生の一部を日本陸軍に派遣して学ばせる方針を定めた。明治三六年（一九〇三）からは多くの中国陸軍派遣留学生が来日し、東京の振武《しんぶ》学校（清国陸軍留学生向けに日本政府が設立した予備教育機関）、日本各地の連隊勤務、陸軍士官学校という段階で学んでいる。派遣されてきた留学生たちがまのあたりにしたのは、日本における「武士道」再構築、『孫子』の流行だった。自国で作られた『孫子』が、同時代の日本で評価されていることへの反応は、かなり早い。光緒《こうしょ》三一年八月一五日、すなわち西暦一九〇五年九月一三日に清国の北洋《ほくよう》陸軍学堂が刊行した『趙註孫子《ちょうちゅうそんし》』（明の趙本学《ちょうほんがく》の著『孫子書校解引類《しょこうかいいんるい》』の略称）の馮国璋《ふうこくしょう》序には、つぎのようにある。

明代の人、趙本学の『孫子』注釈全四巻は、本来の意味を詳しく説き、史実の例でうらづけ、秘められた内容を明らかにしたもので、じつにすぐれた書物である。ただ、中国に伝わる版本は少ない。読み伝えてきたのは日本で、日本の人びとは『趙註孫子』をきわめて重視している。そこでわたくしは思った。日本がその軍事力を誇って以来、戦えば必ず勝ち、攻めれば必ず取り、世界を蹂躙《じゅうりん》して並ぶものもないほどになっているのは、『趙註孫子』の力によるのではないだろうか。

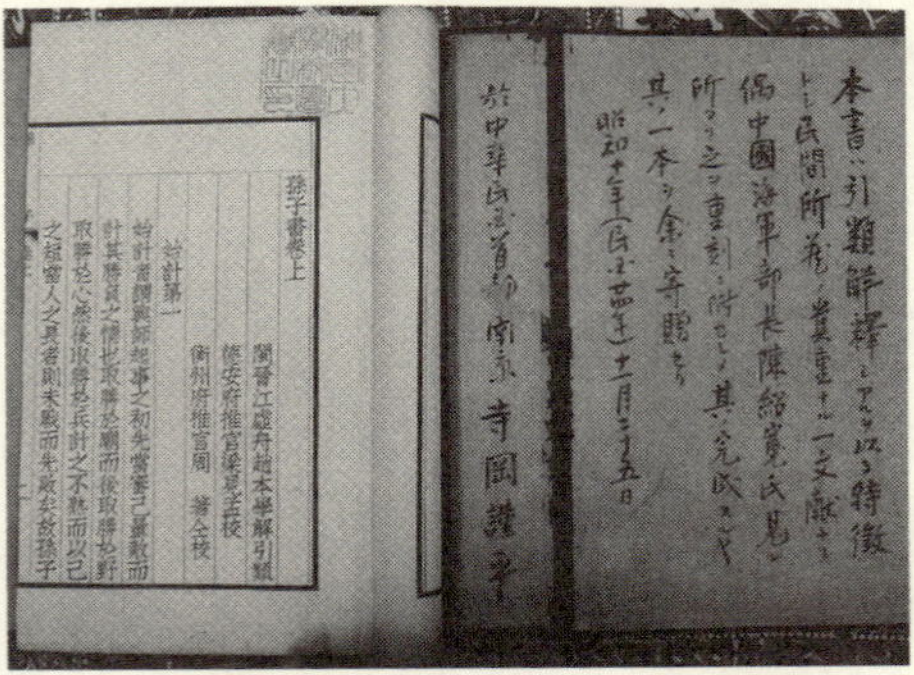

図21　中華民国海軍部刊『趙註孫子』。1935年11月に海軍部長陳紹寛から日本の寺岡謹平海軍大佐に贈られたもの。寺岡は1935年11月から1937年夏まで中華民国海軍部顧問となり、南京で中国海軍の将校たちに戦略・戦術を教えた。海軍大学校旧蔵。

九月一三日は日露間でポーツマス条約が締結（九月五日）された八日後にあたり、戦争の結果をふまえて書かれた序であろう。『趙註孫子』が日本にそこまでの影響を与えたとはとても思えないが、なぜこのような言説が生まれたのか。鍵になるのは、中国にない日本独自の『孫子』理解への期待感である。日本的『孫子』理解といっても、山鹿素行『孫子諺義』や吉田松陰『孫子評註』は、当時まだひろく流通していないし、中国人には読みにくい。注目されるのが、『趙註孫子』のように中国で忘れられ幕末日本で読まれていたものになるのは自然だった。この『趙註孫子』は、中華民国が成立してからも版を重ね、一九三五年には海軍部長（海軍大臣）陳紹寛《ちんしょうかん》（一八八九―一九六九）の指示によって刊行されている（図21）。

日本への陸軍留学生に由来する『孫子』再評価の影響を受けた人物の典型例として、一九

○五年、浙江省寧波《ニンポー》の学校で師から『孫子』を教えられ、軍人を志した一八歳の蔣介石《しょうかいせき》（一八八七―一九七五）がいる。かれは、一九〇八年に陸軍派遣留学生として振武学校に入学、ついで新潟県高田の第一三師団野砲兵第一九連隊に勤務、一九一一年の辛亥《しんがい》革命勃発まで日本陸軍による教育を受けた。『孫子』好きの蔣介石が、一九二四年に創設された陸軍軍官学校（士官学校）初代校長となってからも中国伝統兵法を尊重したことと、二〇世紀初期日本の『孫子』流行との関連は、おそらく否定できない。

もっとも、二〇世紀前半の中国における『孫子』復興は、日本ほどの盛りあがりをみせなかった。イギリスの軍事評論家B・H・リデル＝ハート（一八九五―一九七〇）の回想によれば、第二次世界大戦の期間に出会った中華民国陸軍武官は、「『孫子』は古典として尊重されてはいます。しかし、大多数の青年将校からはもはや時代遅れだとみなされていますし、結局のところ機械化された兵器の時代にはほとんど研究の価値がありません」と語ったという。日本でおきたような民生転用現象に至っては、一九八〇年代になるまで中国ではみられない。

大英帝国の『孫子』(一)――カルスロップ訳

明治三八年（一九〇五）は、西洋世界の『孫子』研究にとっても重要な意味を持つ年だった。この年七月、初めての英訳 *Sonshi* が東京の三省堂《さんせいどう》から出版されたのである。訳者は、イギリス陸軍野戦砲兵隊E・F・カルスロップ大尉（一八七六?―一九一五）。かれは、一九〇四―〇八年のあいだ、日本語習得と日本軍研究を目的とする語学将校として東京に派遣され、帰国後は幕僚養成学校および陸軍省極東部に勤務、第一次世界大戦中の一九一五年に西部戦線で戦死した。経歴をみれば分かるとおり、生粋の軍人である。来日してようやく一年、日本語の読解力も不充分だったであろうカルスロップが、なぜ『孫子』の英訳にとりくんだのか。以下、T・H・E・トラヴァースとA・H・アイオンの研究論文を参考に略述してみよう（T. H. E. Travers, "Technology, Tactics, and Morale: Jean de Bloch, the Boer War, and British Military Theory, 1900-1914"; A. H. Ion, "Something New under the Sun: E. F. Calthrop and the Art of War"）。

話題はいったん『孫子』から南アフリカにとぶ。一九世紀末、イギリスは南アフリカにあったトランスヴァール共和国・オレンジ自由国のブール人と対立、一八八〇―八一年（第一次）、さらに一八九九―一九〇二年（第二次）の二度にわたり、激しい戦火をまじえた。いわゆる南アフリカ戦争（ブール戦争あるいはボーア戦争）である。この戦いにおいてイギリス正規軍はたびたび民兵中心のブール軍に惨敗し、衝撃を受けている。

強いイギリス軍を再建するための改革にとって重要なのは、外から与えられる厳格な規律や訓練なのか、個々の兵士の内なる愛国心や決死の覚悟なのか、といった論争のさなか、イギリス軍観戦武官から伝えられたのが、日露戦争の具体的戦況である。軍隊改革の行く手を摸索していたイギリス軍人のなかには、いま直面している問題を解決する糸口を日本に見いだせるのではないか、と期待する者も現れた。第二次南アフリカ戦争に従軍し、イギリス軍の苦戦ぶりを知っていたカルスロップもそのひとりである。かれは、孫武が宮女たちに規律を与えることでみごとに統率したという逸話、さらに『孫子』が戦争と経済を結びつけて論じることに強い興味を抱き、翻訳にとりかかった。

けれどもカルスロップは中国語ができず、日本人の助けを得て漢文訓読にもとづいた翻訳をすすめざるを得なかった。書名 *Sonshi* が日本語読み「そんし」にもとづき、中国語の発音ではないのはそのためである。翻訳に協力した東京高等師範附属中学校嘱託の金沢久《かなざわひさし》（一八六六―一九二五）は、のちに三省堂『袖珍《しゅうちん》コンサイス英和辞典』編纂の中心になる英学者で、漢学の専門家ではない。さらにカルスロップは来日してまだ一年、金沢のことばは分かっても、『孫子』の原文を完全に理解するのはむずかしかっただろう。そのためカルスロップ訳には不適切な訳がおびただしいうえ、兵法とは関係なく日本の「向こう三軒両隣」や引越し蕎麦《そば》の風習を説明しはじめるなど不思議な注がときどきついている。金沢との雑談で得た知識まで書きこんだに違いない。問題点の多さはカルスロップも自覚しており、一九〇八年には中国語にもとづくと称する全面改訳版をロンドンで出版した。初訳・改訳ともに後世の評価は低く、現在では研究にあたって参照されることはない。しかし、二〇世紀のイギリスがどのように『孫子』を発見したかを考えるにあたり、急ごしらえのカルスロップ訳は、きわめて大きな意味を持っている。

大英帝国の『孫子』(二) ――ライオネル・ジャイルズ訳

カルスロップ訳に対して、激しい批判を浴びせたのは、同時代のイギリスを代表する中国古典学者ライオネル・ジャイルズ(一八七五―一九五八)だった。かれは外交官・中国学者のハーバート・ジャイルズの子として生まれた人物で、弟に中国で活躍した外交官ランスロット・ジャイルズがいる。

ジャイルズ訳は、孫星衍校訂の十家註本(九一頁)を底本として作られ、一九一〇年に公刊されており、『孫子』の原典から翻訳されたことが確実で、学問的検討にたえる水準の訳文としては西洋最初のものである(図22)。ただ、ジャイルズは、のちの研究者たちが当惑するほど念入りに、カルスロップの誤りをあげつらう。ジャイルズは、カルスロップに『孫子』を完璧に読解できる能力などないことくらい、当然承知していたであろう。なぜこれだけ執拗に批判するのか。ここで注意したい第一点は、ジャイルズ訳の巻頭につけられた献辞である。

わが弟バレンタイン・ジャイルズ近衛連隊大尉にささげる――二四〇〇年前のことばが、今日の軍人にとって、なお考慮にあたいする教訓を含むことを期待して。

そして第二点は、ジャイルズの訳注が、第二次アフガン戦争（一八七八―八一年）や南アフリカ戦争でのイギリス軍の作戦行動、アメリカ南北戦争期の南軍の名将ストーンウォール・ジャクソンの戦術、近代ヨーロッパの軍事理論書にしばしば言及することである。

カルスロップ訳には、『孫子』の理論、そして日露戦争における日本の成功例を、イギリス陸軍改革の材料として使おうとする意図があった。それに対してジャイルズが強調したいのは、『孫子』は決して日本人の著作ではないこと、西洋の軍事的伝統もしばしば『孫子』と暗合することなのである。おそらく、ジャイルズは、カルスロップ（また、かれの背後にいる人びと）が、日本の成功例を参考にしてイギリス陸軍改革を語ろうとする姿勢に異議を

図22　『孫子』にみられる太陽（日本）とサムライの表象。2007年、米国BN Publishing刊のジャイルズ訳ダイジェスト版。日露戦争以来、欧米で『孫子』と日本が結びつけられたなごりを示す表紙デザインである。ジャイルズ訳は、『孫子』が中国の本であることを明確に主張して作られたのだが、21世紀にはなんとこのような装いにされてしまった。

唱えている。謀攻篇の「将軍がその怒気をおさえきれず一度に総攻撃をかけるということになれば、兵士の三分の一を戦死させてしかも城が落ちないということにもなって、こういうのが城を攻めることの害である」（新訂四七―四八頁）という個所に、「われわれは、旅順で――歴史に書き残されるべき攻城戦として最近のもの――日本人がこうむった惨憺たる損害を思い起こす」と、『孫子』の原文理解には不要な訳注をわざわざ加え、日本が必ずしもいくさ上手ではないとほのめかしていることに注目しよう。ジャイルズ訳の目的は、第一に、南アフリカ戦争や日露戦争の結果がイギリス陸軍に与えた衝撃をやわらげ、西洋の軍事的伝統に対する自信を回復させること、第二に、カルスロップ訳が後ろ楯としているらしい日本の学問的水準の低さをあばき、イギリスによる中国研究の圧倒的優越性を示すこと、このふたつだったのではなかろうか。オランダのライデンの名門出版社ブリルに製作を依頼し、ふんだんに漢字の活字を使い、上質の紙に印刷されて世に出たジャイルズ訳『孫子』は、まさに大英帝国が東アジアに向ける視線を代表するにふさわしい。

ところで、同じ一九一〇年には、初めての『孫子』『呉子』のドイツ語全訳、ブルーノ・ナヴァラ『戦争論 *Das Buch vom Kriege*』もベルリンで出版されている（財団法人東洋文庫蔵）。ナヴァラは、かつて上海のドイツ語新聞『東アジア・ロイド』の編集長をつとめたジャーナリスト。訳者序には、日本の武士たちは中国よりもはるかに『孫子』を重んじてきたと記されており、カルスロップの英訳と同じく、ドイツ語訳も日露戦争の刺激によって誕生したことを示唆している。

ジャイルズ訳・ナヴァラ訳の刊行からまもなく、一九一四年に始まった第一次世界大戦に、『孫子』は影を落としていない。これは、第一次世界大戦が、基本的に西洋世界の枠組みのなかで戦われたからであろう。西洋近代の軍事理論を柱とし、科学技術の開発に努力すれば、充分だったのである。

毛沢東の遊撃戦論とグリフィス

西洋世界が『孫子』の価値をほんとうに発見したのは、ジャイルズ訳刊行から三五年を経た、第二次世界大戦の終結後であった。これについては、リデル・ハートの指摘が明快である。

〔『孫子』の新しく完全な訳の〕必要性は、核兵器——自滅や大量殺戮の潜在的可能性がある——の発達によって高まった。また、毛沢東のもとで、中国が巨大な軍事力として再起したことにかんがみても、いっそう重要になっている。

（グリフィス訳『孫子の兵法』序）

ここでハートはふたつのことを言っている。ひとつは、第二次世界大戦が戦いの場すべてに

図23　毛沢東（左）とサミュエル・B. グリフィス（右。US Marine Corps History Division, Who's Who in Marine Corps Historyより）。毛沢東の軍事理論への強い関心が、グリフィスの『孫子』研究・中国人民解放軍研究の動機となった。

もたらした惨禍であり、一九五〇年代以後のアメリカ・ソ連による核兵器大量保有が、戦えば勝者・敗者すべてが破滅する可能性をつきつけたことである。「是の故に百戦百勝は善の善なる者に非ざるなり。戦わずして人の兵を屈するは善の善なる者なり」（新訂四五頁）は、現実のものとなった。

ふたつめは、毛沢東（一八九三―一九七六）の指導する中国共産党・人民解放軍の脅威である。共産党・解放軍が国民党軍を破り、一九四九年一〇月に中華人民共和国を成立させたとき、大多数のアメリカ軍将校は、人民解放軍がどのようなものか、なぜ国民党軍を破ったのか、知識も関心も全くもちあわせていなかった。中国軍の兵士は戦意に乏しく、指揮官は無能で腐敗しているという、一九世紀以来の西洋における固定観念があいかわらず生きていたのである。その状態のまま、一九五〇年に始まった朝鮮戦争で中国人民義勇軍と戦ったアメリカ軍は、予想外の手痛い損害をこうむり、動揺する（Samuel B. Griffith,

The Chinese People's Liberation Army, p. 204)。毛沢東とはなにものか、人民解放軍とはなにかが、語られねばならなかった。

このとき登場し、二〇世紀後半の『孫子』研究において最も注目すべき人物となったのが、アメリカ海兵隊のサミュエル・B・グリフィス准将（一九〇六―一九八三）である（図23）。グリフィスは、中国語通訳武官として勤務していた一九三〇年代から、毛沢東の率いる共産党軍が日本軍に対して巧妙な戦いを展開することに注目しており、一九四〇年には毛沢東『遊撃戦』（原本は一九三七年出版だという）を英訳していた。同年の訳者序には、つぎの一段がある。

古代の軍事思想家孫子が毛沢東の軍事理論に影響を与えていることは、『孫子の兵法』を読んだことのある人には明らかだろう。孫子は、速さ・意外性・敵をあざむくことこそ、攻撃のなによりの基本だと記す。その簡潔な指示、「東に声あげて西を撃つ（声東撃西）」は、現在でも、孫子が二四〇〇年前に書いたときから有効性を失っていない。孫子の戦術は、その大部分が、現在の中国のゲリラの戦術でもある。……わが海兵隊は、比較的単純でごく限定的なゲリラ戦しか戦ったことがない。それゆえ、このような新しいタイプのゲリラ戦に関して毛沢東が書いている内容は、われわれにとっても関心がもてるはずである。

『淮南子(えなんじ)』に由来する「東に声あげて西を撃つ」まで『孫子』のことばとしたのはいささか勇み足だが、グリフィスの観察は正しかった。毛沢東は、一九三六年になって革命戦争の経験を文章にまとめるにあたり、当時入手できた各国の兵書の多くが戦術論・技術書でしかないことに不満を感じる。そこで、四三歳のその年まで実物をみたこともなかった『孫子』ほかの戦略論の本を買ってこさせ、参考にしながら「中国革命戦争の戦略問題」を書きあげたとされる（熊華源《ゆうかげん》「毛沢東究竟何時読的『孫子兵法』〔毛沢東はいったいいつ『孫子兵法』を読んだのか〕」『党的文献』二〇〇六年三期）。毛沢東と『孫子』のこうした関連を正確に見ぬいた外国人は、一九四〇年当時ほとんどいなかったであろう。さらに、広汎な住民を組織した毛沢東の無制限ゲリラ戦が戦史上に例をみず、アメリカ海兵隊にとっても困難な敵となるだろうとグリフィスが予見していることも見のがせない。

第二次世界大戦のあいだ、グリフィスは、ガダルカナルの激戦地で第一海兵師団第一強襲大隊を一時的に指揮するなど、日本軍を相手に戦歴を重ねる。一九五六年の退役後は、オックスフォード大学大学院で中国戦史を研究、一九六〇年に博士論文を完成した。その内容を改訂して出版された英訳が『孫子の兵法 *Sun Tzu: The Art of War*』（一九六三年）である。退役後のグリフィスが、アメリカの外交問題評議会（CFR）の研究員として、中国の軍事動向の研究をおこなっていたことを知るならば、この訳書が実質的に毛沢東の遊撃戦

図24　『人民日報』1962年1月7日掲載の諷刺画。いましも「南ベトナムの森林戦」を上演しようとしている楽屋裏。主演のアメリカ軍事顧問団は、開戦の準備に忙しい。見守るのは、脚本・演出のJ. F. ケネディ米国大統領（上左から2人目）、その隣には助演のゴ・ディン・ジェム南ベトナム大統領。中国政府は、アメリカのベトナム侵攻を、直接的な軍事的脅威ととらえていた。

論、人民解放軍の研究を兼ねていたことは容易に想像できる。実際、グリフィスは『孫子の兵法』解説五六頁のうち一二頁を「孫子と毛沢東」にあてているし、これ以外にも毛沢東『遊撃戦』訳書の新版（一九六一年）、『北京と人民戦争』（一九六六年）、『中国人民解放軍』（一九六七年）を一九六〇年代にたてつづけに出版している。

　グリフィスの念頭にあったのは、過去の中国革命・朝鮮戦争だけではない。『遊撃戦』の一九六一年新版訳者序は、毛沢東の戦略をきわめて高く評価するとともに、中国人民解放軍に指導されたゲリラを相手に、アメリカ海兵隊が熱帯の密林でむずかしい戦いを強いられるであろうことを示唆している。ここで一九五五年に始まるベトナム民主共和国（北ベトナム）とベトナム共和国（南ベトナム）の対立、一九六〇年の南ベトナム解放民族戦線によるゲリラ活動の本格化、一九六一年のアメリカ軍事顧問団の南ベトナム派遣、一九六五年のアメリカ海兵隊のベトナム本格投入という経過をたどれば、グリフィスの『孫子』研究が、おそらくベトナム戦争を予期してなされたのだと分かる（図24）。

現在（二〇〇九年時点）でも、合衆国陸軍諸兵科連合センターが作成した、指揮官向けの異文化理解図書一覧（CAC Commander's Cultural Awareness Reading List）の「中国」の項には、以下五点があげられている。

D・A・グラフ、R・ヒンガム著『中国軍事史』二〇〇二年。
ケネス・リーバーサル著『中国を支配する――革命から改革へ』二〇〇三年。
毛沢東著、S・B・グリフィス訳『遊撃戦』アメリカ海兵隊発行、一九八九年。
D・L・シャンボー著『中国軍の近代化――進歩、問題、将来』二〇〇二年。
S・B・グリフィス訳『孫子の兵法』一九六三年。

アメリカ軍が『孫子』を薦めるのは、もともと人民解放軍研究という文脈においてである。だから、グリフィス訳は学問的水準の面で批判されたことがあるとか、竹簡本発見以前の訳だから時代遅れだとかいうことは、問題にならない。毛沢東が参考にしたのは伝統的『孫子』だし、海兵隊と人民解放軍の戦いを明確に意識した訳者は、グリフィスしかいないのだから。

グリフィス訳は、西浦進《にしうらすすむ》（当時の防衛研修所戦史室長）らの協力を得て、日本の『孫子』研究史につき一〇頁にわたって詳しく紹介しているが、日本人は「敵が型破りのやりかたで立ち向かってくると対処できない」、「熱心に研究してきたにもかかわらず、日本人の『孫子』理解はほとんど皮相なものにすぎなかった」ときわめて手きびしい。グリフィスは、『孫子の兵法』と同じ一九六三年に、主著のひとつ『ガダルカナル戦』を出版している。そこでの分析も踏まえた評価なのであろう。

日本の一九五一年・一九六二年

アジア・太平洋戦争下の日本では、〝兵法〟や〝孫子〟を題名にふくむ書籍が数多く出版されている。しかし、昭和二〇年（一九四五）九月二日、連合国に降伏して以後、しばらく『孫子』の解説は出版されなかった。変化が出てくるのは、昭和二四年（一九四九）にGHQによるプレスコード（検閲）が撤廃されてからである。昭和二六年（一九五一）二月に発表された佐藤堅司《さとうけんじ》の論文「『孫子』への回顧」は、敗戦を経た日本で『孫子』評価がどう急激に転換したかを知るために、見のがせない。佐藤は、若いころから『孫子』を好み、戦時の時局に応じた兵学研究者として活発に執筆していた人物であるが、この論文では一九三一年ごろから四五年までの経験をつぎのように回顧する。

筆者などもさうした〔冒険の偶然的成果のなかに、勝利の必然性を見いだす〕錯誤に陥つた一人であつて、いつの間にか日本必勝を盲信するやうになつてゐたのは、まことに慚愧《ざんき》にたへない次第である。敗戦後今日にいたるまで、私は学生時代から読み続けてきた筈の『孫子』を改めて読みなほした結果、それまでの私の読み方に重大な錯誤があつたことを発見して、懺悔のつもりでこの筆を執ることを決意したわけである。

「重大な錯誤」がなんであったかは記されていない。「日本敗戦の根本原因はどこにあつたか。戦争無理解――私はこの五字につきると思つてゐる。伝統の武国といはれながら、日本ほど戦争知識の貧困であつた国はすくない」として、冷戦下の日本にとり戦争の理解が欠かせないこと、「『孫子』戦術より戦略・経済を重んじる『孫子』の兵理が最高峰であることを説いたうえで、「『孫子』の研究は決して好戦的意欲を刺激しない」、「平和愛好者の必読書となるべきものは『孫子』である」と佐藤は断言する。この『孫子』と平和を結びつける読みかたは、以後の日本における『孫子』解説のひとつの基調となった。少し後の話になるが、前述したグリフィスの研究が進行中であることを一九五八年八月に知った佐藤は、自らの日本兵法研究の視角から再び『孫子』に取り組みはじめ、翌五九年六月に論文『『孫子』の思想的研究――主として日本の立場から』（国立国会図書館蔵）をまとめて謄写版で刊行する。ここで、明治後期の日本を起源とする『孫子』愛好が中国に伝播し、毛沢東に間接的影響を与え、グリフィスが毛沢東の著書から学び、グリフィスの刺激が再び日本へ回帰するという循環ができあがった。

さて、佐藤論文「『孫子』への回顧」の末尾に記された執筆の日付は昭和二五年（一九五〇）六月二〇日。五日後の六月二五日の朝鮮戦争勃発、八月一〇日の警察予備隊設置、翌二六年（一九五一）九月のサンフランシスコ平和条約調印といったできごとを経て、同年一一月に岡村誠之《おかむらまさゆき》『孫子の研究――その現代的解釈と批判』、翌一二月に板川正吾《いたがわしょうご》『孫子の兵法と争議の法則』（初版は東京大学法学部蔵）の二冊が刊行される。つまり、占領統治がほぼ終わって東西冷戦が顕在化した時期、再び兵書が出版されはじめたのだった。

岡村誠之（一九〇四―一九七四）は元陸軍大佐、参謀・陸軍大学校教官などを歴任した。『孫子の研究』には、警察大学校教頭（当時）弘津恭輔《ひろつきょうすけ》が序を寄せて「共産主義運動の本質を摑《つか》む」、「治安警察の方策を考える」ために推奨しており、本文の内容も「極左の侵略法、国内革命法」、「将来戦や国内騒擾の鎮圧策」、「共産勢力の侵略に対する自衛」を意識している。岡村は、昭和三二年（一九五七）から始めた孫子研究会を通じ、警察・自衛隊幹部に影響を与えた。昭和四九年（一九七四）刊行の遺稿『孫子研究』の序は、警察庁警務局長（当時）土田國保《つちだくにやす》による。

他方、板川正吾（一九一三―二〇〇四）は、「太平洋戦争中は、「孫子の兵法」をひもといて研究し、第二次大戦と日本のいく末を案じ」たと言い、戦後は東武鉄道労働組合執行委員長、衆議院議員（日本社会党）などを歴任した。『孫子の兵法と争議の法則』は、『暴力革命方式をとる共産主義者が、〔クラウゼヴィッツの〕〝戦争論〟を戦術の指導書としているように、〝孫子〟は平和革命方式をとる民主主義者の戦術書となるべきであると信ずる」（傍点は原文のまま）という態度で書かれ、巻頭には全国労働組合総評議会議長武藤武雄《むとうたけお》、東京都労働局長林武一《はやしたけいち》、日本私鉄労働組合総連合会中央執行委員長藤田藤太郎《ふじたとうたろう》という顔ぶれの序がならんでいる。本書の性格は、たとえば計篇の「兵とは国の大事なり」（新訂二六頁）を、「ストライキという争議行為は、労働組合の諸活動のうち最も重大な行為であつて」と言いかえていることで推察できよう。一三篇すべてにこのような意訳がついており、『孫子』のパロディとしても特筆すべき傑作である。

すなわち、昭和二六年の末、公安警察と労働組合がほぼ同時に『孫子』を幹部教育に応用しはじめている。ほかに本はいくらでもあるのに、『孫子』が選ばれたのはなぜだろう。この背景を考える手がかりとして、同年四月に発表された竹内好《たけうちよしみ》の論文「軍隊教育について」

の一段を引いておきたい。

軍隊――少くとも過去の日本の軍隊が、悪の根源であったことは疑いない。その崩壊は当然であるし、喜ぶべきことである。日本の近代化を妨げる最大の支柱の一本が除かれたのだから。しかし、単純に喜べない理由がある。というのは、かつての軍隊が果していた成人教育の役割が、空虚のままで埋められていないからだ。新しい教育制度は、徹底した義務成人教育であった軍隊教育に匹敵する力と、したがって民衆の支持とを、得ていない。民衆の市民教育への要求を軍隊に代って担当する制度がないのだ。ないばかりでなく、その必要が自覚されていない傾きがある。

（『竹内好全集』第八巻、筑摩書房、一九八〇年、二八一頁）

昭和二〇年までの日本社会では、軍隊が国民教育に大きな比重をしめ、成人男性のほとんどが軍隊式の教育と管理を深く体得していた。かりに成人教育が「空虚のまま」であるなら、説く者・説かれる者双方が熟知している軍隊教育の応用は、実際的である。陸軍一等兵の経験がある竹内自身、会社内部で自分の考えをつらぬくべきか否か知人から相談されたとき、『歩兵操典』を例にあげて、「「ほら、独断専行、ってのがあったなア」とまことにサラリと言った」（巌浩《いわおひろし》「竹内好回想」『思想の科学』一九七八年五月臨時号、一四二頁）。『孫子』愛好の継承の実例もすでに見たとおりである（一四五―一四六頁）。将校をつとめた男性ならば名を知っていたであろう『孫子』は、受けいれられやすい。

それればかりでなく「戦わずして人の兵を屈する」という『孫子』の原則は、日本国憲法前文および第九条の定める戦争の放棄とも折り合いがつく。旧日本軍を肯定しないという前提のもとで、敵対勢力とどう向きあうかを語らねばならないとき、軍の換喩として用いられたのが『孫子』だったのではないか。岡村は『孫子』を「ヒューマニストの兵学、平和のための兵学に高めるのが、再建日本のつとめである」と言うし、立場の異なる板川も「〝孫子〟は平和的兵学書といわるべきであろう」と似たことを述べている。ついでながら、自衛隊法施行の前年、昭和二八年（一九五三）の杉本守義《すぎもともりよし》「所謂自衛戦争と統帥権独立の問題」になると、再軍備論の主張をもっと鮮明にしており、戦争・作戦指導上の『孫子』の価値を説く（『警察学論集』一九五三年一二月号、警察大学校）。

岡村のつぎの言明も興味深い。

兵器が進歩し物量が多くなつたからとて、それに眩惑されて戦争乃至《ないし》戦術を数学や物理学だけで割切らうとする様な考方は根本的愚昧である。その病気が治らねば正《せい》に基かざる詭道《きどう》即ちマルクシズムの戦術に負けるであらう。（『孫子の研究』六三頁）

明治時代に『孫子』が復興した理由のひとつは、西洋の優秀な兵器を持つ清国海軍やロシア軍に、日本軍がなぜ勝てたか、戦争の勝敗は物質的条件以外のなにかに左右されているはずだ、という問題提起からだった。その意識の連続を、この一段にも見てとれるのではないだろうか。

　つぎの節目は昭和三七年（一九六二）、キューバ危機の年である。この年一〇月から一二月には、企業経営者向けの『孫子』解説書七点が集中的に刊行され、新聞雑誌が話題としてとりあげるほどであった。この社会現象の背景については、アメリカ経営学への反発、当時流行した〝兵法経営〟の成功、毛沢東の指導する中華人民共和国への好奇心、初代社長永田《ながた》久光《ひさみつ》（一九二一―一九七五）のもとで電通PRセンターが推進した『孫子』・旧陸軍「作戦要務《さくせんようむ》令《れい》」キャンペーン（『電通PRセンター二〇年史』一九八一年）など、さまざまな要素が指摘される（図25）。ここでは、中国文学の専門家でもあった作家武田《たけだ》泰淳《たいじゅん》が、「『孫子』は、うすいパンフレット一冊に楽におさまるほど、量が少ない。その文章は暗示的で、どうにでも解釈でき、

図25　「風林火山」の旗をたてた電通PRセンターの社用車。同社は、1962年の日本における『孫子』流行の発信源のひとつだった。『芸術生活』178号（1963年1月）に掲載。

どんな珍説をも付加できるゆとりがある」、「胸中にたまっていた想いを爆発させるのに、「孫子」をダシに使うのもわるくない」と評したことばを引くにとどめたい。

『孫子』は、その本文自体として完璧な解答を与えてはいない。いわば解答のない兵法である。むしろ、読者がめいめいに解答を作りあげ、自らを託して語る余地を持つ〝ゆるさ〟こそが、近現代の日本では好まれてきた。本章では、近現代日本における『孫子』の読書史を、中国思想や中国古代史の専門家の業績を全く無視して語った。それでもほぼ全体像を描けてしまうのは、学問的な研究の主流とは一定の距離をおいたところで、『孫子』が消費されてきたからである。

どうにでも解釈できる〝ゆるさ〟の享受と深くつながるのが、一九世紀後期にはじまる日本知識社会の漢文読解・作文力の急速な低下だろう。江戸後期から明治初期によく読まれていた漢籍をひもといてみれば、この間の事情は推察できる。江戸の漢学者が切実な関心を持って読んだ清朝の学術文芸はもちろんのこと、古くから読まれてきた蓄積のある『左伝』『史記』や『文選』でさえ、それなりの準備なしには通読しにくい。なじみやすい『論語』や『孟子』にしても、人名や社会制度の知識ぬきにはつまずく個所がある。ところが、『孫子』は固有名詞を含まない簡潔な文体で書かれ、ほとんど自己の体験と知恵だけで読んでしまうこともできる。

司馬《しば》遼太郎《りょうたろう》は、かつて「『孫子』というのが、元来、漢文の宿命的な欠陥ともいうべき不明晰さをもち」（落合豊三郎『孫子例解』一九七四年覆刻版の序）と言った。そうではなくて、『孫子』のような〝ゆるさ〟、簡潔さだけを評価し、あたかも「不明晰」が中国語や中国古典のすべてであるかのように空想を託してしまおうとしてきたのが、近現代日本ではないのか。ていねいに組み立てられた綿密な論理、韻律・語彙を駆使したレトリック、いわゆる沈思《ちんし》と翰藻《かんそう》をそなえた文を、江戸時代後期の学者は読みこなしていた。そうした中国歴代の作品もあることを意識にとどめながら『孫子』が読まれていくことを、ねがう。

第Ⅱ部

作品世界を読む——辞《じ》は珠玉の如し

孫武兵経、辞如珠玉。
——梁・劉勰

日本で刊行された『孫子』訳注は、古来きわめて多い。重複はなるべく避けたい。また、抜粋を作ろうにも小さな本である。むしろ岩波文庫『新訂 孫子』をそのまま読んだほうがよい。

そうしたことを考えて、この第II部では以下のように原典を選ぶ。

第一章は、唐の太宗《たいそう》の勅命で編まれた『群書治要《ぐんしょちよう》』に摘録されている『孫子兵法』の全文を収録した。『孫子』のなかで、帝王が学んでおくべきだと考えられたのはどこかが分かるからである。底本としては宮内庁書陵部《しょりょうぶ》蔵鎌倉時代写本（旧宮内省図書寮《ずしょりょう》による影印本）を用い、東京国立博物館蔵平安時代写本を参照した。読み下し文は、できる限り原典に加えられた訓点にしたがって作り、鎌倉時代風の読みかたに近づけてみた。

第二章は、『孫子』の理論的な部分を代表する形篇《けい》と勢篇《せい》の全文を、曹操の注釈つきで収めた。底本には、京都大学附属図書館が所蔵する『孫子』古写本を用いる。これは、もともと朝廷の明経博士《みょうぎょうはかせ》をつとめていた清原家に伝わる本で、永禄三年（一五六〇）の原写本から忠実に写されたものである。やはり原写本の訓点を尊重したので、室町時代後期の人びとがどのように『孫子』を読んでいたかの一端を知ることができるだろう。

第三章は、中国の戦国時代後期における孫氏学派の『孫子』解釈の例として、銀雀山漢墓竹簡「奇正《きせい》」の現代語訳をかかげる。第二章であつかった形篇・勢篇の学説を、学派の後継者たちがどのように展開したか、また〝奇正〟など兵法上の概念が、いかに他分野へと影響したかの一端を示す。

第四章では、漢文化の影響下に周辺諸民族が『孫子』を学んだ例として、現存する世界最古の翻訳である西夏語訳の数節を、台湾の林英津《りんえいしん》の注釈にもとづいて紹介する。第一章から第三章までが『孫子』の理論面にかたよっているので、第四章ではきわめて具体的な事項を説いた行軍篇から数条を摘録した。

以上とりあげた原典は、分量的には多くない。けれども、各章それぞれの角度から、『孫子』の主な特徴を概観できているはずである。

第Ⅱ部でも、『孫子』の引用にあたっては常用漢字と現代かなづかいの使用を原則とする。第一章・第二章の読み下し文は、原典の訓点を尊重して作成した。ただし、送りがなや訓がつけられていなかったり、ふたつの訓が挙げられていたりして、読みを定めがたい個所は少なくない。通読の便のため、筆者の判断で決めた場合もあることをお断りしておく。

掲出した原文に句読点を加えるにあたっては、中国語としてのリズムにも配慮した。そのため、読み下し文の句読点と一致しない場合がある。

第一章　帝王のために──『群書治要』巻三三より

ヨーロッパの視点から眺めたとき、『孫子』という兵書が中国で二千数百年にわたって読み継がれており、しかも読者が専門家ばかりではないことは、少しめだつことであるらしい。さらに、兵書で用いられる基本的概念や学説が、他のさまざまな思想学派の著作、統治論、芸術論、文学作品に溶けこんでいることも、中国の特色として数えられる。

もちろん、古代ギリシア・ローマにも兵法にあたるものはあったし、後世まで読まれつづけたので、兵書の伝統を中国的特色として過度に強調してはならないだろう。たとえば、クセノポン（前四三〇ごろ─前三五四以後）『キュロスの教育』（松本仁助《まつもとにすけ》訳、京都大学学術出版会、二〇〇四年）に出てくる指揮官の教育・軍隊管理・戦術戦略の豊富な記述は、『孫子』と対照を試みるのにふさわしい。わが子キュロスから「どうすればもっともよく敵より優位に立てるのでしょうか」と問われたカンビュセスは、こう答えている。

お前が質問しているのは、けっして容易な、単純なことではないのだ。これをし遂げようと思う者は陰謀を企む、本心を明かさない、狡猾な人間で、詐欺師、泥棒、盗賊で、

あらゆる点において敵を騙せる者でなければならない、とよく承知しておくのだ。（同訳、五六—五七頁）

『孫子』にも「兵は詭道《きどう》なり」という有名なことばがあり、金谷治は「「詭」はいつわり欺くの意。正常なやり方に反した、あいての裏をかくしわざ」と説明している（計篇、新訂三二頁）。さらに、つぎのようなことばもある。

戦争は敵の裏をかくことを中心とし、……（軍争篇、新訂九五頁）

士卒の耳目をうまくくらまして軍の計画を知らせないようにし、そのしわざをさまざまに変えその策謀を更新して人々に気づかれないようにし、その駐屯地を転転と変えその行路を迂廻してとって人々に推しはかられないようにする。（九地篇、新訂一五六頁）

さて、カンビュセスは、さきのせりふを口にしたその直後、キュロスに「そういう人間であると同時に、お前はもっとも正しい人間であり、もっとも法を守る人間であってくれ」と語っている。『孫子』も、同様に将軍のそなえるべき徳性を説くことがある。このような、正義にかなった一面だけを抽出すれば、理想をめざす統治論の一部となる資格を、兵書は充分にそなえている。

統治論が『孫子』を迎え入れた例として代表的なのが、唐代初期の『群書治要』である。これは、唐の太宗の勅命によって、魏徴《ぎちょう》らが六五種の古典から統治に役立つ部分を抜きだして五〇巻にまとめたもので、貞観《じょうがん》五年（六三一）に完成した。中国ではのちに散逸し、日本だけに伝わった（現存は四七巻。巻四、一三、二〇の三巻は未発見）。巻三三は『晏子《あんし》』『司馬法』『孫子兵法』曹操注の抜粋である。

抜粋であるなら、もとの『孫子』をみればすむように思えるが、そうではない。『群書治要』の編集には、七世紀初期の唐の宮廷図書館に所蔵されていた書籍が用いられた。それは、おそらく六世紀末以前の良質な写本だったであろう。唐代から宋代の数百年間に、『孫子』は少しずつ改訂されていったと考えられるが、そうした改訂以前の本文が『群書治要』巻三三には伝えられている。

しかも、『群書治要』は、外国から渡った書物として、平安時代の貴族、鎌倉時代の上級武士のあいだで大切に扱われたため、筆写の過程での書きかえがほとんどみられない。唐代に作られ、日本にもたらされた時点での形態を、ほぼそのまま保っていると考えられる。

もうひとつ、抜粋のしかたにも注意せねばならない。『群書治要』は帝王や皇族に読ませることを本来の目的としていた。日本でも、平安時代には帝王学の教科書としてしばしば天皇に進講されている。そのような性格の本であるため、『孫子』にみられる、あざむく、いつわる、といった要素は慎重に省かれている。いわば〝浄化〟された、きれいな『孫子』であって、統治論と兵書の関わりをみるには、非常によい材料なのである。

現存する最古の『群書治要』は、五摂家《ごせっけ》のひとつ九条家《くじょう》伝来の平安時代写本で、第二次世界大戦の東京空襲後の邸内の焼け残った蔵から一三巻だけ発見されて東京国立博物館に収まり、昭和三五年（一九六〇）に存在が報告されたことで広く知られるようになった。さまざまな色の美しい紙をつなぎ、金で罫を引いた豪華な写本で、国宝に指定されている。さいわいなことに、巻三三の『孫子兵法』の抄録には欠損がなく、しかも朱のヲコト点で読みかたが示されている（文化庁「文化遺産オンライン」参照。図26）。これまで発見された七世紀以前の『孫子』は、銀雀山漢墓出土竹簡、龍谷《りゅうこく》大学所蔵の新疆吐峪溝《しんきょうとよくこう》（Toyuk）出土六朝《りくちょう》写本の断片（『西域考古図譜（下）』国華社、一九一五年）しかない。このふたつと重複しない部分であれば、『群書治要』巻三三の平安時代写本に含まれる『孫子兵法』が他のいかなる刊本よりも古い。平安時代写本につ

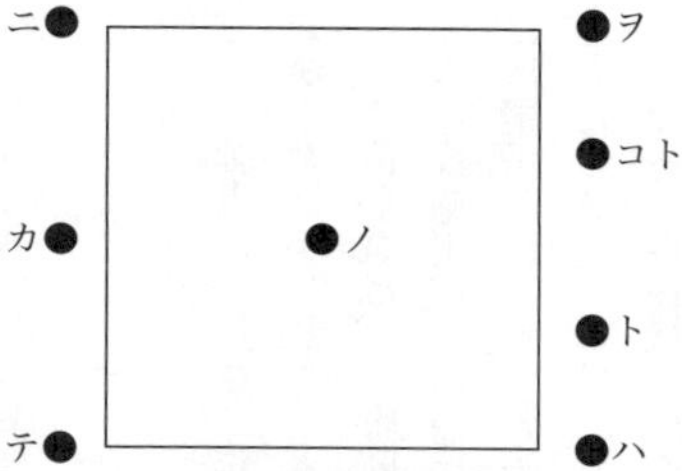

図26　『群書治要』巻33『孫子兵法』のヲコト点より。ヲコト点は、漢字につけられた朱点の位置で漢文訓読の送り仮名などを示す技法で、主として平安・鎌倉時代に用いられた。東京国立博物館本・宮内庁書陵部本ともに同系統の点を加えている。詳しくは『群書治要（7）』（汲古書院、1991年）の小林芳規による解題を参照。

いで古いのが、宮内庁書陵部所蔵の金沢文庫《かねさわぶんこ》旧蔵本である（「書陵部所蔵資料目録・画像公開システム」参照）。この本は、尾崎康《おざきやすし》・小林芳規《こばやしよしのり》の研究によれば、金沢文庫の創設者北条実時が写させたもので、文応《ぶんおう》元年（一二六〇）に清原教経《きよはらのりつね》によって訓点が施されている。巻三三の訓点は、長寛《ちょうかん》二年（一一六四）に藤原敦周《ふじわらのあつちか》が勅命により京都の蓮華《れんげ》王院《おういん》本に加えたものから教経が写したとされ、鎌倉時代ごろの『孫子』の読みかたを知ることができる。

『群書治要』は、室町時代末まで写本しかなかったが、江戸時代に入って、元和二年（一六一六）に徳川家康の命により銅活字を用いて印刷された（駿河《するが》版）。天明七年（一七八七）には尾張藩によって木版本が出版される（尾張版）。この尾張版に訂正を加えた本が中国へともたらされたのは一七九六年のことで、清朝後期の古典研究に少なからぬ刺激を与えることになる。現在最も広く流布しているのは、近代中国の古典叢書「四部《しぶ》叢刊《そうかん》」に収録された尾張版の影印である。しかし、尾張版の本文は江戸時代の学者たちによってかなり手を加えられたもので、とうてい校訂資料にはならない。

以下には、宮内省図書寮（現、宮内庁書陵部）が昭和一六年（一九四一）に影印した金沢文庫旧蔵『群書治要』巻三三から、『孫子兵法』の部分の全体を掲げた（書陵部本と略称）。読み下し文は、できる限り底本の訓点にしたがう。校訂には、東京国立博物館本（東博本と略称）の本文と点、平津館《へいしんかん》本『魏武帝註孫子』（平津館本と略称）を用い、主な違いだけを注記した。『群書治要』の『孫子兵法』についている曹操注も、すべて収録した。ただし、もともと文献の抄録として作られた『群書治要』の性格上、『孫子兵法』本文・曹操注のいずれも省略が多いことに注意する必要がある。

＊

1孫子曰、凡用兵之法、全国為上、破国次之。《興兵深入長駈、距其都邑、絶其外内、敵挙国来服為上。以兵撃破散得之為次也。》全軍為上、破軍次之。全卒為上、破卒次之。是故百戦百勝、非善之善者也。不戦而屈人之兵、善之善者也。《未戦而敵自屈服也。》故上兵伐謀、《敵始有謀、伐之易也。》其次伐交、《交将合也。》其次伐兵、《兵刑已成。》下攻攻城。《敵国已収其外粮城守、攻之為下攻。》故善用兵者、屈人之兵、而非戦也。抜人之城、而非攻也。毀人之国、而不久也。必以全争於天下。故兵不鈍、而利可全也。

（謀攻篇、新訂四四、四六頁）

孫子曰《い》わく、凡《およ》そ兵を用いるの法、国を全《また》うするを上と為《な》す。国を破る、之《こ》れに次ぐ。《兵を興して深く入りて長く駈《か》る。其《そ》の都邑《とゆう》を距《ふせ》ぎ、其の外内を絶つ。敵《あだ》国を挙《こぞ》りて来り服《ふく》するを上と為す。兵を以《もっ》て撃ちて破散《はさん》して之れを得るを次《つぎ》と為す。》軍《いくさ》を全うするを上と為す。軍を破る、之れに次ぐ。卒《そつ》を全うするを上と為す。卒を破る、之れに次ぐ。是《こ》の故に、百《もも》たび戦《たたか》って百たび勝つ、善《ぜん》の善に非ざる者〔ママ〕なり。戦わずして人の兵を屈するは、善の善なる者なり。《未だ戦わずして、敵《あだ》　自《みずか》ら屈服す。》故に、上兵は謀《はか》るを伐《う》つ。《敵《あだ》　始めて謀ること有るは、之れを伐つこと易《やす》し。》其の次は交《まじ》わるを伐つ。《交わりて将《まさ》に合わんとす。》其の次は兵《へい》するを伐つ。《兵刑　已《すで》に成るぞ。》下攻は城を攻む。《敵国《てきこく》　已に其の外《がい》粮《りょう》を収め城守《じょうしゅ》す。之れを攻むるを下攻と為す。》故に、善《よ》く兵を用いる者は、人の兵を屈して、戦うに非ず。人の城を抜きて、攻むるに非ず。人の国を毀《やぶ》りて、久《ひさ》しうせず。必ず全を以て天下に争う。故に兵　鈍《にぶ》からずして、利　全《また》かる可《べ》し。

＊凡――平津館本は「夫」。＊距――平津館本は「拒」。＊外内――平津館本は「内外」。＊破散――平津館本には「散」の字がない。＊謀――東博本は「譲」。書陵部本は「譲」の傍に「謀」を書き加える。＊兵刑――古い表記を残したもの。平津館本は「兵形」。＊下攻攻城――東博本は「下攻城」。書陵部本は「下攻城」に「攻」を傍記して追加。竹簡本、平津館本は「其下攻城」。＊不久也――竹簡本、平津館本は「非久也」。＊全――東博本は「令」を「全」と訂正。＊鈍――平津館本は「頓」。

孫子は言う。軍事力を行使する基本としては、〔相手の〕国が完全な状態のままであるのがよい。〔相手の〕国を破壊するのは、それに比べて劣る。《軍隊を動員して内部まで入りこみ、遠くまで行軍する。相手の都市を封鎖し、外部と内部の連絡を断ち切ってしまう。〔こうして〕相手が国全体で降伏してくるのがよい。軍事力で攻撃し、破壊して占領するのは、それに比べると劣る。》〔相手の〕師団が無傷のままであるのがよい。師団に損害が出ているのは、それに比べて劣る。〔相手の〕百人隊（卒）が無傷のままであるのがよい。百人隊に損害が出ているのは、それに比べて劣る。そうであるのだから、百回戦って百回勝つというのが、いちばんよいわけではない。戦わずに相手の軍隊を屈服させるのが、いちばんよいことである。《戦っていないうちに、敵がむこうから屈服するのだ。》いちばん優れた軍事行動は、〔相手の〕戦略自体をつぶす。《相手が戦略をたてたばかりの段階だと、攻撃するのはやさしい。》その下は、〔相手の〕外交関係をつぶす。《外交関係がちょうど打ち立てられようとするときである。》その下は、〔相手の〕軍事行動をつぶす。《〔相手の〕軍隊の動きが、表面化した段階である。》いちばんへたな攻撃は、籠城しているのを攻めることである。《相手の国は、もう都市の外にあった食糧を運びいれて籠城している。これを攻めるのが、いちばんまずい攻撃である。》

軍事力の行使に巧みな者は、相手の軍隊がむこうから屈服するようにしむけるので、戦うのではない。相手の都市を手に入れてしまうのであって、城攻めをするわけではない。相手の国を滅ぼすのであるが、〔戦いを〕長びかせはしない。必ずや、無傷のままで天下の諸国と力ずくで競うものだ。そこで、軍事力が衰えることなく、完全な有利さにたつことができるのである。

金谷治は、『孫子』の特色として、第一に「好戦的なものではない」ことをあげている。この一段の本文だけなら、たしかにそのように感じられる。しかし、曹操注をまじえた訳文を読めば、少し印象はちがってくるかも知れない。自らの力をどう温存するかという「利」に重心をおいた、より現実的な解釈になっているからである。注釈の介入によって、全体がどう色合いを変えてくるかを示す例だろう。

もちろん、人を殺すことを好まず、戦って敵を圧倒することが最善ではないとする考えかたは『孫子』の底流にある。このような態度は、戦国時代の他の学派にも認められた（六四頁）。ここでは『孫子』と全く立場を異にし、戦争そのものを肯定しない『孟子』の一節をあげておく。

〔各国が〕富のために力ずくで戦うなど論外である。領土を奪おうと戦って、死体が戦場を埋めつくしたり、都市を奪おうと戦って、死体が都市を埋めつくしたりする。これこそ、大地に人肉を食わせているというもので、死をもっても償えないほどの罪だ。

（離婁章句上《りろうしょうく》）

それでも暴力を行使しなくてはならない場合、どうするのか。ずっとあとの明代、一六世紀のことだが、沿海部のある都市の人びとが集まり、倭寇のはげしい侵攻に対してどう戦うか、会議がもたれたことがある。陽明学《ようめいがく》の流れをくむ唐枢《とうすう》（一四九七―一五七四）という人物が、「これまでの戦いがうまくいっていないのは、ひとつ足りないものがあるからだ」と発言した。それはなんだろうかと問われた唐枢の口から出たのは、「倭子《わし》（日本人）を殺すまいという気持ちさえあればよい」という予想外の答えであった。戦いをまえにしての、あまりにも非常識な答えをみなが笑うと、唐枢はつぎのようなことを述べる。「なにかを実行するときは、根本から考えねばならない。今あれこれと作戦を考えているが、大きな視野に立っていない。そもそも戦禍のはじまりは、わが国の徳がゆきわたっていないことにある。戦いにあたって、心を清らかにし、人間を傷つけまいという強い信念をもてば、あやまつことはない。敵を殺そうとばかり考えるのは、この世にただよう戾気《れいき》（ねじれた、正しからざる気）を背景としている。たとえ一時的に勝利できても、仁義にうらづけられた戦いではない」（黄宗羲《こうそうぎ》『明儒学案《みんじゅがくあん》』巻四〇）。きびしいふんいきのなかで、あえて敵への悪意を否定する人物がおり、さらにその発言を受けとめて記録した者がいたことは印象深い。このあと、実際の戦いがどのようにすすんだかは知らないが、『老子』のつぎのことばを思いおこさせる。

いったい、慈しみの心は、それをもって戦えば戦いに勝ち、それをもって守れば守りが固く、天も彼を救おうとして、慈しみをもって守護してくれる。

（第六七章、福永光司訳）

さて、『孫子』原文に話をもどそう。この段落は、短いなかに「是故」「故」が四回も連続して使われている。もし、いちいち「だから」と日本語訳すると非常にくどい。第Ⅰ部第一章でもふれたとおり、「故」の多用は、戦国時代の文献によくみられる特徴である（兪樾『古書疑義挙例』四〇）。こうした「故」は、新しい文章のまとまりがそこから始まることを示している場合もあるように思う。だまって改行だけしておくのが、いちばんふさわしいかも知れない。

＊

2兵形象水。水之行、避高而就下、兵之形、避実而撃虚。故水因地而制行、兵因敵而制勝。故兵無成勢、水無常形。能与敵変化而取勝者、謂之神。（虚実篇、新訂八七頁）

兵の形は水に象《かた》どる。水の行《ゆ》くこと、高きを避《さ》りて下《くだ》れるに就《つ》く。兵の形は、実《みてる》を避りて虚《むなしき》を撃つ。故に、水は地に因《よ》りて行を制す。兵は敵《あだ》に因りて勝つことを制す。故に、兵は成《さだ》まれる勢《いきお》い無く、水は常の形《かたち》無し。能《よ》く敵と変化して勝つことを取るをば、これを神《しん》と謂う。

＊行――平津館本は「形」。＊就――竹簡本は「走」、平津館本は「趨」。＊撃――東博本は『孫子兵法』の「撃」をすべて「繫」とする。＊制行――竹簡本、『文選集注』、『文選』李善注も同じ。平津館本は「制流」。＊無――書陵部本は「无」と書くが、東博本により改めた。下も同じ。＊成――竹簡本も同じ。書陵部本は「定（さだまれる）」と傍記。平津館本は「常」。＊与――平津館本は「因」。

軍隊のすがたは、水に似ている。水がすすむときは、高いところをよけて低いところへと向かう。軍隊のすがたも、〔敵の力の〕充実したところ（実）をよけて弱いところ（虚）を攻める。水は地形にしたがって動きを決め、軍隊は敵〔の態勢〕に応じて勝利をつかむ。軍隊に一定した動きはなく、水に決まったすがたはない。敵〔の態勢〕に応じて変わり、勝利をおさめることこそ「神《しん》」と呼ばれる。

水の比喩は『孫子』の特徴のひとつだが、それについては、次章の勢篇で解説する。ここでは原文の持つリズムについて説明しておきたい。『孫子』が文学性の面でも高く評価されることは第Ⅰ部第一章にも述べたとおりで、その理由のひとつは、音のひびきにある。現代中国語の文章を書く場合でも、一段落のなかでは短い句から長い句へと並べるのが安定しやすい。ただ、それればかりでは退屈で不自然なので、短い句があいだに挿入される。また、対句の過剰は滑稽になりやすいため、ときどき均整を意識的に崩す。こうした修辞の原則に、この一段は自然と合致している。

句の長短は、四−{(三＋五)＋(三＋五)}−{(一＋六)＋六}−{(一＋四)＋四}−(九＋三)と錯落《さくらく》している。文のリズムを知る参考に、現代中国語音、上古中国語再構《さいこう》音（李方桂『上古音研究』の体系を参考にする。「水」の音は確定できない）をそえておく。後者のほうは、綴りをそのまま読めば上古中国語の発音になる性質のものではないが、音節の頭子音、主母音の種類をみわける参考になるだろう。

　この上古中国語とは、言語史上の時期区分で、東周を中心とし、くだっては秦・前漢に及ぶ。一九二〇年代にスウェーデンの偉大な中国学者ベルンハルト・カールグレン（一八八九—一九七八）が概念として提唱、その音韻体系（上古音）を再構した。以後、多くの研究者により、修正した上古音の体系が提案されている。『孫子』を言語資料として用いるには、もちろん上古中国語の知識が前提となる。

	（現代中国語音）	（上古中国語再構音の一例）
兵形象水	bīng xíng xiàng shuǐ	pjiang ging rjangx sjwədx
水之行　避高而就下	shuǐ zhī xíng bì gāo ér jiù xià	sjwədx tjəg grang bjigh kagw njəg dzjəghw gragx

兵之形　避実而撃虚	bīng zhī xíng bì shí ér jī xū	pjiang tjəg ging bjigh djit njəg kik hjag
故水因地而制行	gù shuǐ yīn dì ér zhì xíng	kagh sjwədx 'jin diarh njəg tjadh grang
兵因敵而制勝	bīng yīn dí ér zhì shèng	pjiang 'jin dik njəg tjadh sthjəngh
故兵無成勢	gù bīng wú chéng shì	kagh pjiang mjag djing sthjadh
水無常形	shuǐ wú cháng xíng	sjwədx mjag djang ging
能与敵変化	néng yǔ dí biàn huà	nəng ragx dik pjanh hwrarh
而取勝者	ér qǔ shèng zhě	njəg tshjugx sthjəngh tjagx
謂之神	wèi zhī shén	gwjədh tjəg djin

通常、上古中国語の韻文の押韻は、主母音・音節末子音および声調（再構音で斜体にした -x, -h）まで一致する。たとえば〝行、勝、形〟は音節末子音 -ng こそ同じでも、主母音はそれぞれ -a-, -ə-, -i- と異なり、押韻していない。『孫子』は、押韻した個所の少ない書物なのである。

＊

3孫子曰、凡用兵之法、君命有所不受。《苟便於事、不拘於君命也。》無恃其不来、恃吾有以能待之也。* 無恃其不攻、恃吾之*不可攻也。（九変篇、新訂一〇二、一〇三、一〇八頁）

孫子曰わく、凡そ兵を用いるの法、君《きみ》の命《めい》をも受けざるところ有り。《苟《いやし》くも事に便《たよ》りあらば、君命に拘《かが》むれず。》其の来らざらんを恃《たの》むこと無し。吾《わ》が以て能《よ》く待つこと有るを恃む。其の攻めざらんを恃むこと無し。吾が攻めらる可《べ》からざるを恃む。

＊有以能待之也――平津館本は「有以待之」。　＊之――平津館本は「有所」。

孫子は言う。軍事力を行使するときの原則として、君主の命令でも従わない場合がある。《ほんとうに〔自分の判断を優先させたほうが〕効果があるならば、君主の命令にもとらわれない。》敵が来ないことをあてにしてはならない。こちらが充分そなえをしているのを頼りにするのだ。敵が攻撃しないことをあてにしてはならない。こちらに〔敵が〕攻撃できない〔備えがある〕ことを頼りにするのだ。

冒頭の一文は有名である。将軍は、部下たちが自分に服従するのと同じように、君主の命令に服従する義務を有する。だが、将軍は戦場における最高の指揮命令権を持ち、変化する状況に即応して、ひとりで判断を下さねばならない。このとき、君主の権力が上か、将軍の権力が上かという問題が出てくる。かりに将軍の独断を完全に認めてしまえば、君主の権力をおびやかす存在となってしまう。さらに、部下が現場の判断を優先させて将軍の命令を守らないときも、それを罰することができないことになる。マーク・ルイスは、中国古代の暴力を論じた著書の中で、「君の命をも受けざるところ有り」が君権と兵権の対立をもたらす可能性を指摘し、両者の矛盾を解決するために兵法の〝虚〟と〝実〟、〝正〟と〝奇〟の観念が出てきたのではないかと考えている。

ただ、『史記』では、春秋時代の斉の将軍司馬穰苴《しばじょうしょ》（田《でん》穰苴。前六世紀末の人）も「君《きみ》の令《れい》は受けざるところ有り」と語ったことになっており、この句は古くから知られた成語であった。歴代の注釈者もすんなりと流していて、ことの是非をつっこんで論じた例はなかなか見あたらない。君権・兵権の対立と〝虚実〟・〝奇正〟の観念の成立とを、ルイスのように結びつける必然性はないのではなかろうか。簡単にすまなくなったのは近代に入ってからである。たとえば陸軍士官学校教授の尾川敬二は一九三四年に、「我が国の如く、兵権、政権は完全に分立し、尊厳なる大元帥陛下の下に統帥権の確立せる国にあつては、之《これ》を字句その儘《まま》に解すべからざるは固《もと》より論なきところである」（『戦綱典令原則対照 孫子論講』）とわざわざ注記して「君の命」の絶対性を確認せざるを得なかったし、岡村誠之は日本敗戦後の一九五一年に、「孫子のいふ君命云々とは、現代語でいへば軍事は政治に従ふといふことであり、軍人としてはその属する軍隊の最高決定意志である処の統率者の命令に服従することである。それをふみ外したのが日本顚落《てんらく》の綜合的原因であつた」（『孫子の研究』）と、六頁にわたる長い批判を加えている。

＊

4夫唯無慮而易於敵者、必禽於人。故卒未附親而罰之、即不服。不服即難用也。卒已附親而罰不行者、即不可用矣。故合之以文、斉之以武、是謂必取。令素行則民服。令素信者、与衆相待也。 (行軍篇、新訂一二六頁)

夫《そ》れ、唯《た》だ慮《おもばかり》無くして敵《あだ》を易《あなず》る者は、必ず人に禽《とりこ》にせらる。故に、卒《そつ》未だ附き親《ちかづ》かずして之れを罰すれば、即《すなわ》ち服《ふく》されず。服せざれば、即わち用い難し。卒已《すで》に附き親いて、罰 行《おこな》わざれば、即わち用う可《べ》からず。故に合《あわ》するに文を以てし、斉《ととの》うるに武を以てす、是れを必ず取ると謂う。令 素《もと》より行わるるときんば、民 服《ふく》す。令 素より信ぜらるるときんば、衆と相い待つ。

＊於——平津館本にはない。 ＊禽——平津館本は「擒」。 ＊故——平津館本にはない。 ＊附親——平津館本は「親附」。後も同じ。 ＊即——竹簡本、平津館本は「則」。続くふたつの「即」も同様。 ＊難用也——平津館本は「也」がない。 ＊者——平津館本にはない。 ＊矣——平津館本にはない。竹簡本は「可」もない。 ＊合——書陵部本の傍記・平津館本は「令」。 ＊令素行——平津館本は後に「以教其民」が、竹簡本は「以教其民者」がある。 ＊則民服——平津館本は後に「令不素行以教其民、則民不服」がある。 ＊信——平津館本

は「行」。＊待――平津館本は「得」。

周到な考えもないのに敵を軽んじたりするような者は、きっと相手の捕虜となるだろう。部下がまだなついていない段階で罰すると、納得しない。納得しないと、使うのがむずかしい。部下がなついていて、罰を加えないと、使えない。まとまらせるためには穏やかな態度をとり、規律を与えるには強い態度に出ることこそ、必ず〔勝利を〕かちとるものだ、ということになる。命令がふだんから守られていれば、人びとは納得して従う。命令がふだんから信じられていれば、集団と〔指揮官は〕たよりにしあう。

原文「易於敵」の「於」は、「易（動詞：あなどる）＋敵（目的語）」を強調するために加えられている（何楽士『左伝虚詞研究』商務印書館《しょうむいんしょかん》、一九八九年）。春秋時代に見られたこの強調語法はその後しだいに衰退し、唐代には「於」の存在が不自然に感じられるようになっていった。そのため、宋代以降のテクストになると、自分たちの時代の語感にもとづいて、あっさり「於」を削るという原文の合理化をしてしまう。わずか一字のことだが、言語の歴史的変化が本文の改訂をひきおこすこと、『群書治要』が古い形態を保っていることを示すよい例である。

＊

5 戦道必勝、主曰无戦、必戦。戦道不勝、主曰必戦、无戦。故進不求名、退不避罪、唯民是保而利、全於主国之宝也。視卒如嬰児、故可与之赴谿。視卒如愛子、故可与之倶死。厚而不能使、愛而不能全、乱而不能治、《恩不可用、罰不可猶任。》譬若驕子、不可用也。知吾卒之可以撃、而不知敵之不可撃、勝之半也。知敵之可撃、而不知吾卒之不可以撃、勝之半也。知敵之可撃、知吾卒之可以撃、而不知地形不可以戦、勝之半也。《勝之半者、未可知也。》故曰、知彼知己、勝乃不殆。知地知天、勝乃可全。

（地形篇、新訂一三五頁以下。○●は押韻を示す）

戦いの道、必ず勝つときんば、主《しゅ》は戦うこと无《な》かれと曰えども、必ず戦う。戦いの道、勝つまじきときんば、主は必ず戦えと曰えども、戦うこと无し。故に進みて名を求めず、退きて罪を避《さ》らず、唯だ民　是れを保ちて、利す〔ママ〕。国に主たる宝を全《また》うす。卒を視《み》ること、嬰児《えいじ》の如し。故に之れと谿《たに》に赴《おもぶ》く可し。卒を視ること愛子《あいし》の如し。故に之れと倶《とも》に死す可し。厚うして使《つか》うこと能わず、愛《いつくし》みて全うすること能わず、乱れて治むること能わざるは、《恩は用いる可からず。罰は猶〔ママ〕任す可からず。》譬《たと》えば驕《おご》れる子の若《ごと》し、用う可からず。

吾が卒の以て撃《う》つ可きことを知りて、敵の撃つ可からざることを知らざるは、勝つことの半《なか》ばなり。敵の撃つ可きことを知りて、吾が卒の以て撃つ可からざるを知らざるは、勝つことの半ばなり。敵の撃つ可きことを知り、吾が卒の以て撃つ可きことを知るとも、而《しか》も地形の以て戦う可からざることを知らざるは、勝つことの半ばなり。《勝つことの半ばなりとは、未だ知る可からざるなり。》故に曰わく、彼を知り己《おの》れを知るときは、勝つこと乃《すな》わち殆《あやう》からず。地を知り天を知るときは、勝つこと乃わち全《また》かる可し。

＊无戦、必戦――ここは東博本も「無」でなく「无」。つぎも同じ。「无」「無」の混在は、竹簡本の段階ですでにみられる。東博本は、『群書治要』がもとづいた原資料の字体を残しているのだろう。平津館本は「無戦、必戦可也」。　＊必戦、无戦――平津館本は「必戦可也」「無戦可也」。　＊民――東博本は、唐の太宗の実名（李世民）を避けて欠筆する。　＊全――平津館本にはない。新訂一三五頁は「合」。　＊厚而不能使、愛而不能全――平津館本はここが「愛而不能令、厚而不能使」。　＊猶任――書陵部本は判読しにくいため、東博本による。意味がよく分からない。平津館本の「獨任（独り任ず）」がよい。　＊譬――東博本は「辟」。　＊若――平津館本は「如」。　＊知吾――書陵部本は、この後に「一」があるが、後で抹消している。　＊形――平津館本はこの後に「之」。　＊知地知天――平津館本は「知天知地」。

戦いのありかたとして、必ず勝てるという場合は、君主が「戦ってはならない」と言っても、必ず戦う。勝てそうにない場合は、君主が「戦え」と言っても、絶対に戦わない。だから、表にたったときも名誉を求めたりしないし、ひっこんだときも罪を逃れようとはしない。ひたすら人びとを守り、かれらの利益になるようにする。国の中心となる宝〔である人びと〕を保護する。

兵士たちにむける視線は、まるで赤ちゃんをみるよう〔にあたたか〕だ。だから深い谷に落ちるような〔危機的な〕状況でも、いっしょに行くことができる。兵士たちにむける視線は、まるでかわいい子をみるようだ。だからかれらといっしょに死ぬことができる。〔しかし〕大切にしてやるだけで指揮できず、かわいがるばかりで命令できず、勝手なことをしているのに取り締まれないというのでは、《恩恵〔だけで〕はいけないし、罰〔だけ〕もつかってはいけない。》わがままな子どもがいるようなもので、役にたたない。

部下の兵士が敵を攻撃できると分かっていても、〔状況から〕敵を攻撃してはならないことが分からない場合、勝ちめは半分である。敵を攻撃してもよいと分かっても、部下の兵士が攻撃できないことが分かっていない場合、勝ちめは半分である。敵を攻撃してもよいと分かり、部下の兵士が攻撃できると分かっていても、戦ってはならない地理的条件であることが分かっていないならば、勝ちめは半分である。《勝ちめが半分だとは、まだどうなるか分からないということだ。》だから言われている。「相手を知り、自分を知っているならば、勝利にまったく不安はない。地理的条件を知り、天界〔の陰陽の動きや気象条件〕を知っているならば、勝利はそれこそ完全なものとなる」。

原文中の「唯民是保」は、「(目的語)＋是＋(動詞)」のかたちで〝人びとをこそ守るのだ〟という意味になる古い強調構文である。以下、原文を新訂一三五頁のように「唯民是保、而利全於主、国之宝也」と句切り、「ひたすら人びとを守り、君主にとって利益が完璧になるようにする。〔そのような将軍こそ〕国の宝である」と解釈するほうが、押韻の上からもよく、構文としても自然なのに、『群書治要』は東博本・書陵部本とも「而利」の直後に句点を入れ、「全於主国之宝也」をひとまとまりとして読んでいる。右の訳文は、底本のこの訓点によって作ったが、全く無理な読みかただと言わねばならない。書陵部本の訓点については、「ヲコト点と傍訓《ぼうくん》〔ふりがな・送りがな〕と、其の読法を異にせる所多く、共に句読の誤謬挙げて数ふべからざるものあり。甚しきは、誤脱誤写の箇所に、牽強の訓読をなせるものあり」(一九四一年影印本の解説)という評価がある。古い読みがいつも正しいわけではない。

「知吾卒之可以撃、而不知敵之不可撃(吾が卒の以て撃つ可きことを知りて、敵の撃つ可からざることを知らざる)」などの句で、「以」の有無により意味が明確に異なってくることには注意しておきたい。「A可以撃／A不可以撃」ではAが〝うつ〟のだが、「A可撃／A不可撃」だとAは〝うたれる〟対象になる。きちんと文法規則が存在しているのである（大西克也「再論上古漢語中的〝可〟和〝可以〟」『中国語言学』第一期、山東教育出版社、二〇〇八年）。

＊

6明主慮之、良将修之。非利不赴、非得不用、非危不戦。《不得已而用兵。》主不可以怒興軍、将不可以慍而戦。合於利而用、不合於和而止。怒可復喜、慍可復悦。亡国不可復存、死者不可復生也。故曰、明主慎之、長将敬之。此安国之道也。

（火攻篇、新訂一七一頁）

明主《めいしゅ》 之れを慮《おもんぱか》り、良将 之れを修《おさ》む。利に非ずんば、赴かず。得《とく》に非ずんば、用いず。危に非ずんば、戦わず。《已《や》むことを得ずして兵を用う。》主 怒りを以て軍を興す可からず。将 慍《いか》りを以て戦う可からず。利に合《かな》うて用い、和に合《かな》わずして止《や》む。怒りて復《ま》た喜ぶ可し。慍りて復た悦《よろこ》ぶ可し。亡国は復た存《そん》す可からず。死者は復た生く可からず。故に曰わく、明主 之れを慎み、長将〔ママ〕 之れを敬《けい》す。此れ 国を安んずるの道なり。

＊赴――平津館本は「動」。＊怒――平津館本は後に「而」。＊軍――平津館本は「師」。＊戦――平津館本は前に「致」がある。＊用――平津館本は「動」。＊和――誤写。平津館本は「利」。＊可――平津館本は「可以」。後の三句も同じ。＊悦――平津館本は「説」。＊也――平津館本にはない。＊故曰――平津館本は「曰」がない。＊明主――書陵部本傍記は「明王」。＊長将――書陵部本傍記・平津館本は「良将」。＊敬――平津館本は「警」。＊安国――平津館本は後に「全軍」の二字がある。

見とおしのある君主はしっかりものを考え、すぐれた将軍は自ら努力を重ねる。利益があるのでなければ進出しない。成功の見こみがなければ実行しない。追いつめられない限りは戦わない。《やむを得ない場合だけ、軍事力を使う。》君主は、怒りにまかせて軍隊を動員してはならない。将軍は、内にこもった腹立ちから戦ってはならない。利益になるとき〔軍事力を〕使い、和〔利益の誤り〕にならないときはやめる。怒ろうとも、もとどおり楽しい気分になれるものだ。内にこもった腹立ちがあろうとも、もとどおり機嫌よくなれるものだ。〔感情にまかせた無謀な軍事行動で〕滅んでしまった国は、もうもとのままではありえない。〔戦いで〕死んでしまった人たちは、二度と生き返らない。だから言われている。「よく分かっている君主は心の底からつつしみ、すぐれた将軍は緊張感をもって事にあたる。これこそ国を安泰にたもつ道なのだ」。

「怒《ど》」は激しく表に噴き出した腹立ち、「慍《うん》」は不平不満をもって内にこもった腹立ちである。「慎《しん》」と「敬《けい》」はどちらも「つつしむ」だが、「慎」は判断や決定をくだすにあたって思考や行動をつつしむこと、「敬」はなすべきことを遂行するにあたっておろそかにしないこと、という違いがある。

＊

7師興十万、出師千里、百姓之費、公家之奉、日千金。内外騒動、不得操事者、七十万家。《古者、八家為隣。一家従軍、七家奉之。言十万之師、不事不耕者、凡七十万家也。》相守数年、以争一日之勝、而愛爵禄百金於知敵之情者、不仁之至也、非民之将也、非主之佐也、非勝之主也。故明王・聖主・賢君・勝将、所以動而勝人、成功出於衆者、先知也。先知不可取於鬼神、《不可禱祀以求也。》不可象於事也、《不可以事類求也。》不可験於度、《不可以行事度也。》必取於人、知敵之情者也。

（用間篇、新訂一七四頁）

師《いくさ》十万を興し、師を千里に出す。百姓《ひゃくせい》の費《つい》え、公家《こうか》の奉《ほう》、日《ひ》びに千金なり。内外騒動して、事を操《と》ることを得ざる者、七十万家《しちじゅうまんか》。《古《いにしえ》、八家を隣《りん》と為す。一家 軍《いくさ》に従うときんば、七家 之れに奉ず。言うこころは、十万の師に、事《つか》えず耕《たが》えざる者、凡《すべ》て七十万家。》

相い守ること数年、以て一日の勝たんことを争って、爵禄・百金を敵の情を知るに愛《お》しむことは、不仁の至りなり、民の将に非ず、主の佐《さ》に非ず、勝ちの主に非ず。故に明《めい》王《おう》・聖主・賢君・勝将《しょうしょう》、動いて人に勝ち、功を成すこと衆に出たる所以《ゆえん》は、先《ま》ず知るなり。先ず知りて、鬼神《きしん》に取る可からず、《禱祀《とうし》し以て求む可からず。》事に象《かたど》る可からず、《事類《じるい》を以て求む可からず。》度に験《たく》す可からず。《行事《こうじ》を以て度《はか》る可からず。》必ず人に取りて、敵の情を知る者なり。

＊師興――平津館本は「興師」。＊師――平津館本は「征」。＊日――平津館本は後に「費」。＊騒――東博本は「駱」。＊摻――平津館本は「操」、同じ字の異表記。＊於知――平津館本は「不知」。＊民――東博本は欠筆する。平津館本は「人」に改める。＊明王・聖主・賢君・勝将――平津館本は「明君賢将」。＊先知――平津館本は後に「者」。＊不可禱祀以求也――平津館本は「不可禱祀而求」。＊事也――平津館本には「也」がない。＊不可以行事度也――「行事」は、これまでのできごと（楊樹達《ようじゅたつ》『古書疑義挙例続補』一五）。平津館本は「不可以事数度」。

軍隊一〇万人を動員し、千里のかなたまで軍隊を派兵するとなると、人びとの負担、国庫の支出が、一日あたり黄金千金《せんきん》〔一金は約三七四グラム〕になる。都の内外ともに不安定になり、しごとにさしつかえの出る家は、七〇万戸に達する。《古くは、八戸が隣《りん》とされた。一戸に従軍する者が出れば、〔残りの〕七戸が〔兵士の留守家族を〕養う。一〇万人の軍隊なら、しごとができず耕作もできない家が七〇万戸になる、という意味なのだ。》にらみあうこと数年、いつか訪れるであろう勝利の日をめぐって争う事態になっているのに、〔スパイに与えて〕敵の実情を知るための爵位・俸禄や黄金百金を惜しむとしたら、それは仁の徳が全く欠けていると言うほかはなく、人びとの将軍、君主の補佐者、勝利をつかむ君主としての資格がない。だから見とおしのある王、理解力にすぐれた君主、才能のある支配者、勝利をつかむ将軍であって、行動すれば相手に勝ち、おおぜいのなかでも抜群の成果をあげる者たちは、まえもって〔敵の実情を〕知っておくのである。まえもって知るといっても、神霊にたよってはいけない。《祈禱や祭祀をして〔託宣による〕答えを探してはいけない。》事例から類推してはいけない。《似た事例から答えを探してはいけない。》自分の判断にもとづいてはならない。《過去のできごとから判断してはいけない。》必ず人間を使って〔生きた情報を集め〕、敵の実情を知るものなのだ。

古くから、間諜《かんちょう》は厳罰の対象だが、戦いにあたって効果的であることも認められていた。用間篇は、因間《いんかん》（郷間《きょうかん》。敵地住民の利用）、内間《ないかん》（敵の官僚を手なずける）、反間《はんかん》（敵の間者を手なずける）、死間《しかん》（味方の間者に、うその情報を敵方に持ちこませる）、生間《せいかん》（敵の地に入り、情報を集めて帰る）の五種を分けている。

間諜から気になるのが、ことばである。現代中国語の方言間のちがいはかなり大きい。このことは中国の方言学者曹志耘《そうしうん》の編んだ歴史的な大著『漢語方言地図集』（商務印書館、二〇〇八年）を見れば一目瞭然である。春秋戦国時代にも中国各地の方言のちがいは顕著で、北方の斉の人と南方の楚の人のあいだでの対話はむずかしかった。共通語的なことばもある程度形成されてはいたが、よそ者の識別はたやすかったはずである。その状況のもとで、間諜が情報をどう取得するか考えてみると、因間・内間・反間・死間は、とくにことばを学ぶ必要がないし、生間も実情だけ見てくればよい。

さらに、軍隊を動かすうえで、ことばの壁は問題にならないのか。一九一一年の辛亥革命にあたって、中国南部の反清朝軍の指揮官が合同して作戦を話しあった際、方言のちがいが大きすぎて、円滑な意思疎通がむずかしかったと伝えられている（『歴史学事典第一五巻コミュニケーション』弘文堂、二〇〇八年、「漢語」の項目を参照）。ところが、春秋戦国時代の『孫子』や各種の兵書は、ことばの問題に全く関心を示さない。むしろ、戦場で大きな集団を動かすとき、いかに口頭での伝達が無力かを身にしみて知っている気配がある。

口で言ったのでは聞こえないから太鼓や鐘《かね》の鳴りものを備え、さし示しても見えないから旗や幟《のぼり》を備える。（軍争篇、新訂九八頁）

私田	私田	私田
私田	公田	私田
私田	私田	私田

図27　『孟子』の井田法

ひとりひとりが自分の判断で巧緻な動きをすることは考えられていない。集団を思いのままに戦わせるには、整った組織を作り、与えた信号どおりの運動をさせればよいのである。巨大なマスゲームのなかに置かれた者は、自分がどのような絵柄のどの位置を占めているか見えないまま動きつづける。それに似てはいるが、戦いには台本がない。指揮をとる者は、自らの新しい判断を、ことばによる説明ではなく、つぎつぎと音や動きの単純な信号として伝え、最後の決着がつくまで全体を動かす。それは巨大で複雑な機械をひとりの責任者が操作するのに似ている。間諜は、動かしかたを決めるための部品のひとつとして使われている。

原文に出てくる「千里」は約四〇〇キロメートルの距離、「千金」は黄金約三七四キログラムだが、いずれも実際の数量ではなく、遠いこと、多いことを意味しているのだろう。また「十万」と「七十万」は、古代中国の伝説的な土地制度である井田《せいでん》制を前提として書かれている。『孟子』によれば、**図27**のように土地を井の字のかたちに仕切ると、九つの区画ができる。中央の一区画は公田《こうでん》で、周囲の八戸（隣《りん》）が共同で耕作し、租税にあてる。周囲の八区画が各戸の私田《しでん》である。もし一戸から従軍する兵士が出ると、その家は農業の主要な労働力を失うので、残り七戸が協力して支えねばならない。平時には各戸で一・一二五区画分だった労働の負担が、ほぼ一・三区画分に増えてしまう。曹操の注は、この『孟子』の説にしたがっている。また段落末尾の「事に象る」「度に験す」を、李零は、それぞれ、易《えき》による占い、太陽・月・星の位置による予測、と解釈している。

以上、『群書治要』の『孫子兵法』を読んできた。これと比較的近い性格を持つ、古いおもかげを留めた本文は、ほかに唐の李善《りぜん》が編んだ『文選《もんぜん》』の注釈、第I部第二章でも紹介した杜佑《とゆう》『通典《つてん》』、南宋の王応麟《おうおうりん》『玉海《ぎょくかい》』などに引用されている。それぞれの細部に差異はあるけれども、唐代の『孫子』を知る手がかりだと言えよう。また、日本の平安時代までに書写された古典注釈の写本に引用された『孫子』の断片にも、古いかたちが残されている場合が多い。実例は、第四章の行軍篇に示した（二五七頁）。

第二章　形と勢──永禄三年の読み

『孫子』を読んでいて気がつくのは、どうすれば勝てるかという具体的な対処法に、さして重きをおいていないことである。むしろ、なぜ勝ちと負けが生ずるのか、その原理の解明に努力しているのではないだろうか。その特徴を最もはっきり示しているのが、形《けい》篇と勢《せい》篇である。

〝形〟と〝勢〟とはなにか。〝形〟とは、一方が動くと相手がそれを受けて反応し、双方が敵の考えを読みあうこと、〝勢〟とは軍隊を動かすのに勢いに乗せること、というのが曹操の解釈である。また、フランソワ・ジュリアンは、〝形〟を配置と考え、〝勢〟を静と動との二項対立のあいだを揺れ動くものと考えた（中島隆博訳『勢　効力の歴史』）。ここでは、まず形篇と勢篇を読んでみたあとで、第三章でもういちどこの問題に返ることにしたい。

形篇と勢篇を読むには、京都大学附属図書館蔵の清家《せいけ》文庫《ぶんこ》本『魏武帝註孫子』を用いる（以下、京大本と略称。図28）。これは朝廷の明経博士《みょうぎょうはかせ》をつとめた清原家に伝わった本で、奥書に「永禄三年十月五日、唐本《とうほん》（中国伝来の刊本）を以て之れを書写し、朱墨《しゅぼく》の点を加え了《おわ》んぬ。（判《はん》有り）同四年四月七日、首書《しゅしょ》の本を以て校し了んぬ」と記されており、永禄三

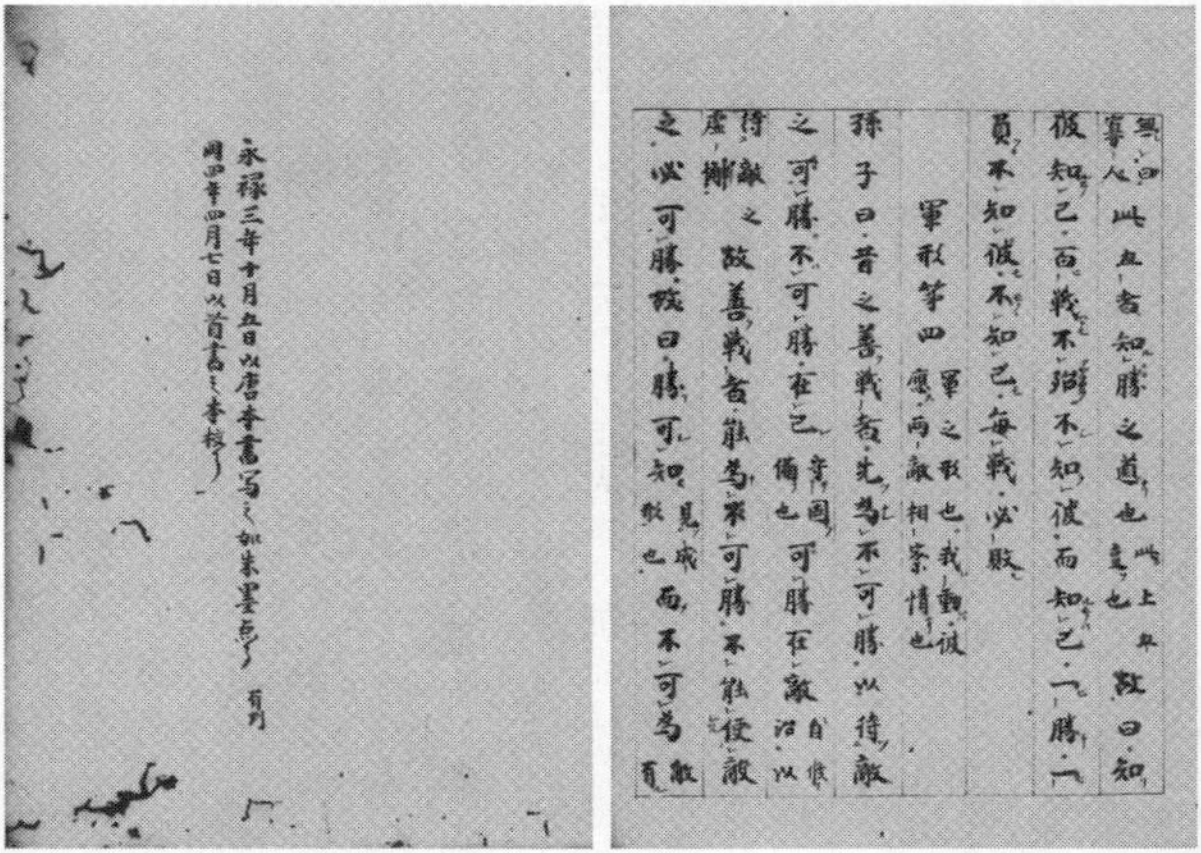

図28　清家文庫本『魏武帝註孫子』。永禄３年（1560）に書写し、翌４年（1561）に校訂を加えた原本にもとづいて、忠実に摸写した写本。明経道の清原家伝来。右は形篇の冒頭部、左は原写本の年代を示す奥書。京都大学附属図書館蔵。

年（一五六〇）に「唐本」から写本を作り、朱点《しゅてん》（ヲコト点）、墨《ぼく》点《てん》（返り点・送り仮名）を加え、翌四年に『施氏七書講義』を用いて校訂したものだと分かる。ただし、京大本は永禄三年写本そのものではなく、のちに作られた忠実な摸写である。

京大本がもとづいた「唐本」は、おそらく元代もしくは明代初期（一四世紀ごろ）の福建で民間の出版業により刊行された「七書」の一種であろう。日本で作られた『孫子』の写本で、永禄三年以前のものは、前章で読んだ『群書治要』巻三三の摘録以外に、慶應義塾大学斯道文庫《しどうぶんこ》所蔵の『施氏七書講義』残巻も知られている（一〇五頁、図12）。ただ、この二点は、どちらも『孫子』の一部にすぎない。日本における『孫子』の読みかたを完全に伝える古写本として、京大本は貴重である。

現在、日本で出版されている『孫子』訳注の原文の多くは、訳者の手によって、本来のすがたを復元しようと校訂されていることが多い。そのため、室町時代や江戸時代初期の人びとが読んでいた『孫子』がどのようなものだったか知ろうとすると、かえってむずかしくなっている。ここに永禄三年の『孫子』の一部をそのまま紹介するのも無意味ではあるまい。以下の原文は京大本にもとづき、原本につけられている曹操注も収めた。読み下し文と現代語訳は、できる限り京大本の訓点にのっとった。段落の分けかたは、なるべく『新訂 孫子』に合わせる。曹操注の解釈にあたり、J・ミンフォードの英訳（J. Minford, *The Art of War*）がある場合は参照した。

形篇をよむ

軍形第四《軍之形也。我動彼応、両敵相察情也。》

1孫子曰、昔之善戦者、先為不可勝、以待敵之可勝。不可勝在己、《守固備也。》可勝在敵。《自修治、以待敵之虚懈。》故善戦者、能為不可勝、不能使敵之必可勝。故曰、勝可知、《見成形也。》而不可為。《敵有備故也。》不可勝者、守也。《蔵形也。》可勝者、攻也。

《敵攻、己乃可勝。》守則不足、攻則有餘。《吾所以守者、力不足。所以攻者、力有餘。》善守者、蔵於九地之下。善攻者、動於九天之上。故能自保而全勝也。《喩其深微。》

（新訂五四頁）

軍形《ぐんけい》第四《軍の形なり。我れ動《どう》ずれば彼れ応ず。両敵 相《あ》い察《み》る情なり。〔情を相い察るなり、を誤読か〕》孫子曰わく、昔の善く戦う者は、先《ま》ず勝つ可からざることを為《な》し、以て敵の勝つ可きことを待つ。勝つ可からざることは己れに在り、《守りて固く備う。》勝つ可きこと、敵に在り。《自《みずか》ら修治《しゅうち》して、以て敵の虚懈《きょかい》を待つ。》故に善く戦う者は、能《よ》く勝つ可からざることを為して、敵をして必ず勝つ可からしむること能《あた》わず。故に曰わく、勝つこと知りぬ可し、《成形を見るぞ。》而《しか》して為す可からず。《敵に備え有る故なり。》勝つ可からざるは、守《まぼ》る。《形を蔵《かく》すぞ。》勝つ可きは、攻む。《敵を攻むることは、己れ乃《すなわ》ち勝つ可ければなり。》守ることは、足らざればなり。攻むることは、余り有ればなり。《吾れ守る所以《ゆえん》は、力足らざればなり。攻むる所以は、力余り有ればなり。》善く守る者は、九地の下に蔵《おさ》む。善く攻むる者は、九天の上に動《どう》ず。故に能く自ら保ちて全く勝つなり。《其の深微《しんび》に喩《たと》う。》

軍形第四《軍隊の〝形〟である。こちらが動けば、相手は反応する。双方が考えを読みあうの

だ。》

孫子はいう。かつて、戦いの上手な者は、〔敵がこちらに〕勝てないような態勢をまず作っておいて、敵に勝てる機会が来るのを待っていた。〔敵がこちらに〕勝つことができないのは自分に〔備えがあるからで〕あり、《守って固く備える。》〔こちらが敵に〕勝つことができるのは敵に〔原因が〕ある。《自分のほうはしっかり準備をして、敵にすきが出てくるのを待つ。》だから、戦いの上手な者は、敵がこちらに勝てないような態勢を作ることができ、敵が絶対に勝てるということを不可能にさせる。だから、「勝ちは予測できるが、《〔敵味方の動きが〕かたちになって出てくるのを見るのだ。》作り出すことはできない《敵には備えがあるからだ。》」と言う。勝つことができない者は守り、《〔守ることで自らの〕〝形〟を隠す。》勝つことができる者は攻める。《敵を攻撃するのは、自分が勝つことができる場合だけだからだ。》守るのは〔力が〕足りないからで、攻めるのは〔力に〕余裕があるからだ。《こちらが守りに回るのは、力が足りないときだ。攻めに回るのは、力に余裕があるときだ。》守るのが上手な者は、大地の下にひそむかのようで、攻めるのが上手な者は、大空を動きまわるかのようだ。だから、自らの力を温存し、完全な勝利をおさめるのである。《〔大地の下、大空は〕奥深く見えにくいことの喩え。》

冒頭の「昔之善戦者（昔の善く戦う者）」は、『老子』第一五章の「古之善為士者（古《いにしえ》の善く士為《た》る者）」、第六五章の「古之善為道者（古の善く道を為す者）」と似た表現である。『荘子』の「古の人」「古の真人」などと同じく、理想を過去に託した言い方」（福永光司）であって、具体的にすぐれた将軍の誰かれを指したものではない。

　相手を攻撃しようとすると、自分たちの〝形〟を相手に暴露せねばならない。それを避けるには、すきのないように守りを固め、敵がどこかで緩みを見せてしまうのにつけこむ。だから、守る側はすべてを隠蔽して見えなくし、攻める側も動きをつかまれないようにする。「守則不足、攻則有余」は、古来諸説のある句で、竹簡本だと「守則有余、攻則不足」となっており、全く逆の意味のようにみえる。しかし、この文は前提となる「守」「攻」とそれに続く「不足」「有余」との関係があいまいなため、

　守るのは〔力が〕足りないからで、攻めるのは〔力に〕余裕があるからだ。（守則不足、攻則有余）

　守るなら〔力に〕余裕ができ、攻めるなら〔力が〕足りなくなる。（守則有余、攻則不足）

と理解すると、同じ意味になってしまう。いずれにせよ、謀攻篇に「〔味方が〕五倍であれば敵軍を攻撃」（新訂四九頁）、銀雀山竹簡「客主人分《きゃくしゅじんぶん》」に、「客が倍で、主人が半分という

状況であれば、つりあいがとれる」というように、攻撃には守備より多い兵力を必要とすると考えられていた。

段落の終わりに出てくる「九天」「九地」は、それぞれ天上と地下とを指す。天や地は限りなくひろがり、そのなかで万物を豊かに育てていく。攻守に巧みな者は、天地と同じように「奥深く見えにくい」（曹操注）ため、敵から意図を察知されることがない、という比喩である。同じ趣旨の表現は、虚実篇にもある（新訂七八頁）。また、漢代初期の『淮南子《えなんじ》』兵略訓《へいりゃくくん》は、一定の〝形〟を持たず自在に変わり、名づけようのない軍こそ手ごわい相手だとして、「上ははるかに高い果てまできわめ、下ははるかに深い底まで見とおし、つぎつぎと移り変わって、とらわれることがなく、どこまでも広がる平原のような〔とらえがたい〕心がまえをし、いくえにも重なった深い渦のように意図を隠すならば、よく見える目の持ち主が来ようとも、誰がこちらの本心を察することなどできよう」と語っている。

＊

2見勝不過衆人之所知、非善之善者也。《当見未萌。》戦勝而天下曰善、非善之善者也。《争鋒者也。》故挙秋毫不為多力、見日月不為明目、聞雷霆不為聡耳。《易見聞也。》古之所謂善戦者、勝於易勝者也。《原微易勝、攻其可勝、不攻其不可勝。》故善戦者之勝也、無智名、無勇功。《敵兵形未成勝之、無赫赫之功。》故其戦勝不忒。不忒者、其所措勝、勝已敗者也。《察敵必可敗、不差忒。》故善戦者、立於不敗之地、而不失敵之敗也。是故勝兵先勝而後求戦、敗兵先戦而後求勝。《有謀与無慮也。》（新訂五七頁）

勝つことを見ること、衆人《しゅうじん》の知る所に過ぎざるは、善の善なる者に非ざるなり。《当《まさ》に未萌《びほう》を見るべし。》戦い勝ちて、天下　善と曰うも、善の善なる者に非ざるなり。《鋒《ほこ》を争う者なり。》故に秋毫《しゅうごう》を挙ぐること、多力《たりき》と為《せ》ず。日月《じつげつ》を見ること、明目《めいもく》と為ず。雷霆《らいてい》を聞くこと、聡耳《そうじ》と為ず。《見聞　易《やす》きなり。》古《いにしえ》の所謂《いわゆる》善く戦う者は、勝つこと易きに勝つ者なり。《微を原《たず》ぬるときは勝ち易し。其の勝つ可きを攻め、其の勝つ可からざるを攻めず。》故に善く戦う者の勝つことは、智名《ちめい》も無く、勇功《ゆうこう》も無し。《敵の兵の形、未だ成らざるに、之れに勝つ。赫赫《かくかく》の功無し。》故に其の戦い　勝つこと忒《たが》わず。忒わざる者は、其れ勝つことを措《お》す所なればなり。已《すで》に敗るるに勝つ者なり。《敵の必ず敗る可きを察して、差《たが》い忒わず。》故に善く戦う者は、不敗の地に立ちて、敵の敗を失わず。是《こ》の故に、勝兵は先《ま》ず勝ちて後に戦いを求む。敗兵は先ず戦いて後に勝つことを求む。《謀《はか》りごとと慮《おもばかり》無きとに〔ママ〕有り。》

勝ちを予見する力が、みんなの判断をこえないのは、最もすぐれたものではない。《まだ表面化しないものを見てとらねばならない。》戦いに勝って、世の人びとがすばらしいとほめるのは、最もすぐれたものではない。《〔ふつう、ほめられるのは〕先陣を争うような者たちである。》動物の細い毛〔一本だけ〕を持ちあげても、力持ちだとはされないし、太陽や月が見えても目がいいとはされず、雷鳴が聞こえても耳がよいとはされない。《〔太陽や月、雷鳴は〕目にするのも耳にするのも容易である。》

かつての戦いが上手な者は、簡単に勝てる相手に勝つ者だった。《かすかな兆しを見つければ、勝つのはやさしい。勝つことができるものを攻め、勝つことができないものは攻めない。》戦い上手な者が勝っても、智謀の名声とか勇ましい手柄はない。《敵の軍隊の〝形〟ができあがらないうちに勝ってしまう。顕著な功績はない。》戦いに〔は必ず〕勝って、失敗することはない。失敗しないのは、勝利を確実にしているからだ。最初から敗れている相手に勝つからだ。《敵がきっと敗北するであろうことを見ぬいて、全くはずさない。》戦いの上手な者は、決して負けない状態にあって、敵の敗北をとりこぼさないのだ。それだから、勝つ軍隊は、まず勝利が確実になったところで戦う。敗れる軍隊は、とりあえず戦ってみて勝利しようとする。《問題解決能力があるのと考える力がないのと〔の差〕だ。》

最後の曹操注は、「謀りごと有ると慮無きとなり」でなくてはならないのに、京大本は誤読している。「有」と「在」の意味用法の区別がつかなくなっているのは、室町時代末期の漢文読解力が低下していた事実を示す。

＊

3善用兵者、修道而保法、故能為勝敗之政。《用兵者、先修治為不可勝之道、保法度、不失敵之敗乱也。》（新訂五九頁）

善く兵を用うる者、道を修めて法を保《やす》んず。故に能く勝敗の政を為す。《兵を用いる者、先ず修治して勝つ可からざるの道を為し、法度《ほうど》を保ちて、敵の敗乱を失わず。》

戦いのうまい者は、道をおさめ、軍紀を維持する。だから勝敗をつかさどることができる。《軍事力を行使する者は、しっかり準備をして〔敵がこちらに〕勝てないような態勢を作り、軍紀を維持しておき、敵がだらけて規律が崩れるのを見のがさない。》

＊

4兵法、一曰度、二曰量、三曰数、四曰称、五曰勝。《勝敗之政、用兵之法、当以此五事称量、知敵之情。》地生度、《因地形勢度之。》度生量、量生数、《知其遠近広狭、知其人数也。》数生称、《称量己与敵孰愈也。》称生勝。《称量之故、知其勝負所在也。》故勝兵若以鎰

（新訂六〇頁）

称銖、敗兵若以銖称鎰。《軽不能挙重也。》

兵法、一に曰わく度《たく》、二に曰わく量、三に曰わく数《すう》、四に曰わく称《しょう》、五に曰わく勝。《勝敗の政、兵を用いるの法は、当《まさ》に此の五事を以て秤《はか》り量《はか》って、敵の情を知るべし。》地は度《たく》を生ず。《地の形勢に因《よ》りて之れを度《はか》る。》度は量を生じ、量は数を生ず。《其の遠近広狭を知れば、其の人数を知る。》数は称を生ず。《己れと敵と孰《いず》れか愈《まさ》れるということを秤《はか》り量《はか》る。》称は勝を生ず。《之れを秤量《しょうりょう》する故に、其の勝負の所在を知る。》故に、勝兵《しょうへい》は鎰《いつ》を以て銖《しゅ》を称《あ》ぐるが若《ごと》く、敗兵《はいへい》は銖を以て鎰を称ぐるが若し。《軽は、重を挙ぐること能わず。》

兵法には、第一に度〔測量〕、第二に量〔生産高〕、第三に数〔動員力〕、第四に称〔彼我の比較〕、第五に勝と言う。《勝敗の基準、軍事力を行使する原則として、この五点を計算し、相手の実情を知らねばならない。》土地から測量結果が出てくる。《土地のすがたと地味《ちみ》にもとづいて、〔生産力を〕おしはかる。》測量結果からは穀物の生産高が出てくる。穀物の生産高から動員可能な人数が出てくる。《土地の遠近や広狭が分かれば、その〔土地から徴用できる〕人数が分かる。》動員可能な人数から敵味方の対比が出てくる。《味方と敵と、どちらが優勢かということを計算する。》敵味方の対比からは勝者が出てくる。《計算するからこそ、勝敗の結果が分かる。》だから、勝つ軍隊は鎰《いつ》〔約三七四グラム〕で銖《しゅ》〔約〇・六五グラム〕を持ちあげようとするようなものだし、敗れる軍隊は銖で鎰を持ちあげようとするようなものだ。《軽いものは、重いものを持ちあげることができない。》

『孫子』は、耕地面積・生産力からわり出して、勝敗の結果を予想することは可能だと考えている。〝形〟は、かたちとしてとらえることができ、数量化して優劣の比較ができる点で、〝勢〟とははっきり異なっている。

＊

5勝者之戦、若決積水於千仞之谿者、形也。《八尺曰仞、決水千仞、其勢疾也。》

（新訂六二頁）

勝者の戦い、積水を千仞《せんじん》の谿《たに》に決《さ》くるが若《ごと》き者は、形なり。《八尺を仞と曰う。水を千仞に決《さ》くるは、其の勢い疾《と》し。》

勝つ者の戦いかたは、せきとめた水を千仞の深さのある谷に切って落とすようなもので、それが〝形〟なのだ。《八尺のことを仞と言う。水を千仞〔の高さ〕から切って落とせ

ば、〔流れの〕勢いは速い。》

第Ⅰ部第一章でも述べたように、『孫子』の文章は、限られた字数のなかでいくつも比喩を用いている。緻密ですきのない論理を組み立てるのではなく、飛躍を比喩でつなぎ、読む者が想像力で補う余地を残す。それに、比喩は決して華麗ではない。軍隊の動きを語るときには、水の比喩を好む。やわらかく、周囲の状況に応じてつねにかたちを変えることができ、しかも強い力を持つことがあるからである。金谷訳から抜き出してみよう。

せきかえった水が岩石までもおし流すほどにはげしい流れ　（勢篇、新訂六九頁）

そもそも軍の形は水の形のようなものである。水の流れは高い所を避けて低い所へと走るが、〔そのように〕軍の形も敵の備えをした実の所を避けてすきのある虚の所を攻撃するのである。　（虚実篇、新訂八八頁）

このような水の流れの比喩は、中国古典でよく用いられるが、『孫子』と最も関係が深いのはやはり『老子』である。

世のなかに水ほど柔らかでしなやかなものはない。しかも堅くて強いものを攻めるには、これにまさるものはないのだ。（第七八章、福永光司訳）

勢篇をよむ

兵勢第五《用兵任勢也。》

1孫子曰、凡治衆如治寡、分数是也。《部曲為分。什伍為数。》闘衆如闘寡、形名是也。《旌旗曰形。金鼓曰名。》三軍之衆、可使必受敵而無敗者、奇正是也。《先出合戦為正、後出為奇。》兵之所加、如以碫投卵者、虚実是也。《以至実撃至虚也。》（新訂六三頁）

兵勢《へいせい》第五《兵を用うこと、勢に任す。》

孫子曰わく、凡《およ》そ衆《しゅう》を治むること寡《か》を治むるが如し、分数《ぶんすう》是れなり。《部曲《ぶきょく》を分と為す。什伍《じゅうご》を数と為す。》衆を闘わしむること寡を闘わしむるが如し、形名《けいめい》是れなり。《旌《せい》旗《き》を形と曰う。金鼓《きんこ》を名と曰う。》三軍の衆、必ず敵を受けて敗るること無からしむ可《べ》きは、奇正《きせい》是れなり。《先《ま》ず出でて戦いを合するを正と為す。後《しり》えに出るを奇と為す。》兵の加うる所、碫《いし》を以て卵《らん》に投ぐが如きは、虚実《きょじつ》是れなり。《至実《しじつ》を以て至虚《しきょ》を撃つ。》

兵勢第五《軍隊を動かすには、〝勢〟にゆだねる。》

孫子はいう。集団を少人数と同じように自由にあつかうのが、〝分《ぶん》〟と〝数《すう》〟である。《部隊編制を〝分〟とし、〔編制単位ごとの〕一〇人・一〇〇人〔といった人数〕を〝数〟とする。》大きな集団をまるで少人数のように戦わせるのが、〝形《けい》〟と〝名《めい》〟である。《〔視覚的信号である〕旗を〝形〟と言う。〔聴覚的信号である〕鐘や太鼓を〝名〟と言う。》全軍の人びとが、いつでも敵に対応して負けることがないようにできるのが、〝奇《き》〟と〝正《せい》〟である。《先手を打って敵と戦うのを〝正〟とし、後手を選ぶのを〝奇〟とする。》軍隊をさし向ければ、まるで鉄床《かなとこ》を卵に投げつけるかのようなのは、〝虚《きょ》〟と〝実《じつ》〟である。《実〔しっかり堅いもの〕の極致によって、虚〔中身がなく脆いもの〕の極致を攻撃する。》

第二の「形名」が、具体的にはどのようなものだったかは、攻城戦の防御戦術を論じた『墨子《ぼくし》』の旗幟《きし》篇・号令篇に、細かく例示されている。それによれば、旗の場合、城壁上の守備兵が黄旗を掲げれば城内からすぐ燃料を送り、二匹のウサギの旗を掲げれば多人数の歩兵を送る。また、本隊で太鼓を三度激しく鳴らせば戒厳状態に入ったことを意味し、いっさい外に出てはならない。第三の「奇正」については、つぎの段落での展開、および第Ⅱ部第三章を参照。第四の「虚実」は、刀剣の鍛造をする鉄床に使う石のかたまり（碫《たん》）が〝実〟、卵が〝虚〟とたとえられている。つまり、味方のどこが強く、敵のどこが弱いかの判断のことで、日本語で言う虚々実々の駆け引きという意味ではない。

文久三年（一八六三）に創設された長州藩の軍事組織を、高杉晋作《たかすぎしんさく》が奇兵隊と名づけたのは、この勢篇の「奇正」にもとづく。高杉は、安政五年（一八五八）、吉田松陰が松下村塾でおこなった『孫子』講義を聴いていた。第Ⅰ部第三章で紹介した松陰の『孫子評註』には、「蓋《けだ》し兵家《へいか》の務《つとめ》は善く奇を出すに在り。善く奇を出せば、正《せい》其の中に在り」とあり、〝奇〟を重んじていたことが分かる（『吉田松陰全集』（普及版）第六巻、岩波書店、一九三九年、三四九、四三三頁）。

＊

2凡戦者、以正合、以奇勝。《正者、当敵。奇者、従旁撃不備也。》故善出奇者、無窮如天地、不竭如江海。終而復始、日月是也。死而更生、四時是也。声不過五、五声之変、不可勝聴也。色不過五、五色之変、不可勝観也。味不過五、五味之変、不可勝嘗也。《以喩奇正之無窮也。》戦勢不過奇正、奇正之変、不可勝窮也。奇正相生、如循環之無端、孰能窮之哉。　（新訂六五頁）

凡そ戦う者は、正を以て合《あわ》せ、奇を以て勝つ。《正は、当《まさ》に敵すべし。奇は、旁《かたわら》従《よ》り不備《ふび》を撃つ。》故に善く奇を出す者は、窮《きわ》まり無きこと天地の如し、竭《つ》きせざること江海《こうかい》の如し。終りて復《ま》た始まるは、日月《じつげつ》是れなり。死して更《さら》に生ずは、四時《しいじ》是れなり。声は五つに過ぎず。五声《ごせい》の変、勝《あ》げて聴く可からず。色は五つを過ぎず。五色《ごしょく》の変、勝げて観る可からず。味は五つを過ぎず。五味《ごみ》の変は、勝げて嘗《な》む可からず。《以て奇正の窮まり無きに喩《たと》う。》戦う勢いは奇正に過ぎず。奇正の変は、勝げて窮《きわ》む可からず。奇正相い生まること、循環の端《はし》無きが如し。孰《たれ》か能く之れを窮《きわ》めんや。

戦う者は、〔相手が仕掛けてきたとき〕〝正〟でまっとうな手を打ち、〝奇〟で勝つ。《〝正〟は、まともにあたれるということ。〝奇〟は、横から不意打ちを食わせること。》〝奇〟を繰り出すのに優れた者は、まるで天地がいつまでも果てしないかのようで、大河や海〔の水〕が尽きることがないかのようだ。〔大地に〕沈んでも再び昇るのが太陽や月だ。終わっても再び始まるのが四季だ。音階は五つしかないが、五つの音階の〔組み合わさった〕変化は、聴きつくすことができない。色彩は五つしかないが、五つの色彩の〔混じりあった〕変化は、見つくすことができない。味は五つしかないが、五つの味の〔混じった〕変化は、味わいつくすことができない。《〝奇正〟がきわめつくせないことをたとえた。》戦いの勢《せい》は〝奇正〟の範囲を出ない。〝奇正〟の変化は、きわめつくすことができない。〝奇〟と〝正〟とが生成しあうのは、まるで円環に果てがないかのようだ。誰がそれをきわめつくせるだろう。

戦いと〝奇〟については、『老子』第五七章に「以正治国、以奇用兵（正を以て国を治め、奇を以て兵を用う）」と出てくる。しかし、明確に対立させることはできない。〝奇〟は、いちど表に出ると、そのとたんに〝正〟に変わってしまう。逆に、誰もが〝奇〟を求めている状態では、〝正〟であるはずのものが〝奇〟になってくる。そのありさまが、自然の運行、組み合わせの無限、永遠につづく円環にたとえられている。

変化による勝利については、木《もく》・火《か》・土《ど》・金《こん》・水《すい》の五行《ごぎょう》、四季、太陽と月を比喩とした一段が虚実篇にもある（新訂八七―八八頁）。中国伝統音楽の五音階は、宮《きゅう》・商《しょう》・角《かく》・徴《ち》・羽《う》と呼ばれる。基本的な五色は青・赤・黄・白・黒で、それ以外は混色とみなされた。五つの味は、酸《さん》・苦《く》・辛《しん》（ぴりっとからい）・鹹《かん》（しおからい）・甘《かん》。また、「如循環之無端（循環の端無きが如し）」は古く「如環之無端（環の端無きが如し）」だったことが、竹簡本、『史記』による引用（本書二三七頁）、『文選』の注による引用から推定できる。

*

3　激水之疾、至於漂石者、勢也。鷙鳥之疾、至於毀折者、節也。《発起撃敵也。》故善戦者、其勢険、《険、疾也。》其節短、《短、近也。》勢如彍弩、節如発機。《在度不遠、発則中也。》

（新訂六八頁）

激水《げきすい》の疾《と》くして、石を漂《ただよ》わすに至るは、勢いなり。鷙鳥《しっちょう》の疾《と》くして、毀折《きせつ》に至るは、節《せつ》なり。《発起して敵を撃つ。》故に善く戦う者は、其の勢い険《と》し、《険は、疾なり。》其の節短《ちか》し。《短は、近なり。》勢い弩《ど》を彍《は》るが如し、節機《き》を発《はな》つが如し。《度に在りて遠からざるは、発《はな》つときは中《あた》る。》

ほとばしる水はやわらかいのに、石を押し流しさえするのは、〝勢〟によってである。猛禽が速く、一瞬で獲物の骨を折るのは、〝節〟によってである。《動きをおこして敵を攻撃する。》だから戦いの上手な者は、その〝勢〟はすばやく、《「険」とは疾に同じ。》その〝節〟は一瞬である。《「短」とは近に同じ。》〝勢〟は弩《いしゆみ》の弦を引きしぼるかのようで、〝節〟は弩のひきがねを引くかのようである。《目測できる範囲にあって遠くなければ、矢を放てばそのまま命中する。》

ここで〝勢〟は、たくわえられた力を意味している。狙いを定めて弓や弩の弦を引きしぼっていくとき、目標とされた相手に力がかかるわけではない。しかし、弓の弦が指から離れ、弩のひきがねが引かれた瞬間、矢は飛んで相手を倒す。「鷙鳥《しちょう》」（京大本の「しっちょう」は誤読）は、ハヤブサのような猛禽類を念頭においているのだろう。必ずしも体が重くない鳥なのに、高速で一瞬のうちに獲物を蹴り殺す。その力が加わる瞬間を〝節〟と呼んでいる。

『孫子』の言う〝勢〟を、中国古代の人びとはどう理解したのか。さきにも紹介した『淮南子』兵略訓は、つぎのように説明している（解釈は、何寧《かねい》『淮南子集釈《しゅうしゃく》』を参考にした）。

いま、二人の者に剣をとって立ち合わせ、技量は同じだとしよう。気迫にまさるほうが必ず勝つのはなぜか。立ち合いが本気だからだ。

大きな斧で細い薪を撃てば、〔ものごとをするのに〕よい時刻や吉日でなくても断ち割れる。〔しかし〕大きな斧を細い薪の上に放置しただけで人間が力を加えなければ、星回りや日柄《ひがら》がよくても割れないのは、〝勢〟がないからである。

水がほとばしれば、力強い。矢が速ければ、遠くまでとどく。淇《き》や衛《えい》〔という産地〕の竹に矢筈《やはず》をつけ、銀色に輝く錫《すず》で飾った〔立派な矢がある〕としよう。〔しかし〕薄絹のカーテン、蓮の枯れ葉で作った〔頼りない〕盾だとしても、矢があるだけでは射抜くことができない。そこに〔弓の材に貼り合わせられた〕動物の角や腱《けん》の弾力、弓や弩の〝勢〟が加わるならば、雌のサイの革で作った鎧、革製の盾〔のような堅いもの〕さえも貫通してしまう。

風が強いと、家屋を倒し、樹木を折るほどである。なにも操るものがいないのに、広い道を下り、そのまま高い山へと吹き上がっていく。誰かが力を加えている〔わけではな

い。――この段落の後半、筆者にはよく読めない。〕

用兵にすぐれた者なら、その〝勢〟は、まるでたまった水を千仞《せんじん》の高さの堤から切って落としたり、丸い石を万丈《ばんじょう》の深さの谷へと転がすようである。わが軍がきっと攻めてくるというのを見たとき、天下でいったい誰が戦おうとするだろうか。決死の百人は、〔敵が来れば〕必ず退却する一万人にまさる。まして、全軍の人びとが、水火も辞さず、逃げない覚悟を持てばなおさらである。いつ天下と刃を交えることになろうとも、勝とうなどと思う者がいるだろうか。

*

4紛紛紜紜、闘乱而不可乱。《乱旌旗以示敵、以金鼓斉之也。》渾渾沌沌、形円而不可敗。《車騎転也。形円者、出入有道、斉整也。》　（新訂六九頁）

紛紛紜紜《ふんぷんうんうん》として、闘い乱れて、乱る可からず。《旌旗《せいき》を乱して、以て敵に示し、金鼓《きんこ》を以て之れを斉《ととの》う。》渾渾沌沌《こんこんとんとん》として、形　円にして敗る可からず。《車騎　転ずるなり。形《かたち》　円とは、出入《しゅつにゅう》　道あり、斉《ととの》え整《ととの》う。》

ごちゃごちゃと入り乱れて戦う状態でも、乱すことはできない。《旗指物を乱れた状態にして、〔あたかも自軍が混乱しているかのように〕敵に見せ、鐘や太鼓で〔自軍を〕まとめる。》くるくるとまるい形で、こわすことができない。《戦車や騎兵が進むのである。形がまるいとは、進退に規律があり、〔隊伍が〕整っているということだ。》

この一段は、軍争篇の文が入ってしまったものだと考える説がある（新訂六九、九七頁の注を参照）。曹操は、つぎの段落とひとつながりにして、自軍を弱そうに見せかけながら、実際の規律を保つべきことを述べている導入部だと解しているらしいことが、注の内容からうかがえる。

＊

5乱生於治、怯生於勇、弱生於強。《皆毀形匿情也。》治乱、数也。《以部分名数為之、故不可乱也。》勇怯、勢也。強弱、形也。《形勢所宜。》（新訂六九頁）

乱は治より生ず。怯《きょう》は勇より生ず。弱は強より生ず。《皆な形を毀《やぶ》り情を匿《かく》す。》治乱《ちらん》は、数《すう》なり。《部を以て名数《めいすう》を分ちて之れを為す。故に乱る可からず。》勇怯《ゆうきょう》は、勢いなり。強弱は、形なり。《形勢宜《よろ》しくする所なり。》

混乱は、安定から出てくる。臆病は、勇気から出てくる。弱さは、強さから出てくる。《どれも見かけを悪くして、〔敵の目から〕実相を隠すのだ。》安定と混乱は〝数〟である。《部隊編制によって、名称と数量を〔組織的に〕区別しており、乱すことができない。》勇気と臆病は〝勢〟である。強さと弱さとは〝形〟である。《〝形〟と〝勢〟にとって、適切である。》

混乱と安定といった局面は、固定したものでなく、相互に変わりあう。安定していた敵は混乱させられるし、静粛だった敵でも騒がしくなるし、勇気を失わせて臆病にしてしまうこともできる。はるばる遠征して疲れ飢えた敵を、こちらは本拠近くで休養も補給も充分な状態で待てという教えは、軍争篇にも出てくる（新訂九九頁）。

〝勢〟がなにかのきっかけで簡単に失われてしまうものだということは、よく知られていた。『史記』の著者司馬遷が友人にあてた書簡「任少卿《じんしょうけい》に報ずるの書」は、武勇をうたわれながら、罪に問われる段になると自殺する決断がつかず、牢獄につながれる辱めを受けた歴史上の人物を列挙し、ここの「勇怯《ゆうきょう》は、勢いなり。強弱は、形なり」ということばを引いている。それぞれの人物の身体能力の「強弱」は同じはずなのに、戦場での〝勇〟が逮捕時の〝怯〟に変わってしまう原因は、〝勢〟の違いにあると言うのだ。この書簡は、前九三年の執筆だと推定されている。『孫子』が当時よく知られていたからこそ、司馬遷は手紙に引用したのだろう。

＊

6故善動敵者、形之、敵必従之。《見形羸也。》予之、敵必取之。《以利誘敵、敵遠離其塁、而以便勢撃其空虚孤特也。》以利動之、以本待之。《以利動敵也。》（新訂七〇頁）

故に善く敵を動かする者は、之れを形《かたち》すれば、敵　必ず之れに従う。《形の羸《つか》れたるを見る。》之れを予《あた》うるときは、敵　必ず之れを取る。《利を以て敵を誘《あざむ》くときは、敵　遠く其の塁《るい》を離《あら》わして、便勢《びんせい》を以て其の空虚孤特《ことく》を撃つ。》利を以て之れを動かし、本を以て之れを待つ。《利を以て敵を動かす。》

だから敵を誘いこむのが巧みな者が、〝形〟を示してみせると、敵はきっとそれに対応した態勢をとる。《〔わが方の〕〝形〟の弱そうなところを見せる。》敵に与えてやれば、敵はきっとそれを手に入れる。《利益があるとして敵をおびきよせると、敵は陣地からずっと離れてくる。有利な態勢を利用し、がら空きになって孤立した陣地を攻撃する。》敵にとって有利なことで誘導し、根本のところで備える。《利によって敵を動かすということだ。》

最後の句「以本待之」は、竹簡本・十一家註本ともに「以卒待之」としているのが正しい。金谷治も言うように、「卒」と「本」は隷書で字形が似ており、誤りやすかった（二三二頁、図29）。「以卒待之」なら、「〔わが方の〕兵士が備える、待ちかまえる」という意味になる。それではあまりにつまらない内容だ、と疑念を抱いて、なんとか読みかえようとした例もある（新訂七二頁の注を参照）。ここの「卒」をどう読むべきか、筆者には判断がつかない。

*

7故善戦者、求之於勢、不責於人、故能択人而任勢。《専任権也。》任勢者、其戦人也、如転木石。木石之性、安則静、危則動、方則止、円則行。《任自然勢也。》故善戦人之勢、如転円石於千仞之山者、勢也。（新訂七一頁）

故に善く戦う者は、之れを勢いに求め、人に責《もと》めず。故に能く人を択《えら》びて、勢いに任《にん》ず。《専《もっぱ》ら権《けん》に任ずるなり。》勢いに任ずる者は、其れ人を戦わしむること、木石《ぼくせき》を転《まろ》ばすが如し。木石の性は、安きときは静かなり。危きときは動く。方《けた》なるときは止まる。円《えん》なるときは行く。《自然の勢いに任ず。》故に善く人を戦わしむるの勢いは、円石を千仞の山より転ばすが如きは、勢いなり。

戦いのうまい者は、〝勢〟をたよりにし、〔個々の能力を〕人に求めることはない。適切な人を選んで、〝勢〟にまかせる。《ただ〝権〟にまかせる。》〝勢〟にまかせて人びとを戦わせるのは、木や石をころがすのに似ている。木や石は、その本性として安定した状態では動かないが、不安定なところに置かれると動く。角ばっていると止まったままだが、まるいかたちだと進む。《自然の〝勢〟にまかせる。》上手に人びとを戦わせるときの〝勢〟は、まるい石を高い山の上からころがすようなものである。これこそ〝勢〟なのだ。

「適切な人を選んで」と訳した部分の原文「擇（択）」は、古く「釋（釈）」だった。これに気がついたのは、島根県松江市出身の滝川亀太郎《たきがわかめたろう》（一八六五―一九四六）で、「故に能く人を釈《す》てて、勢いに任す」つまり「（個々の）人をあてにすることなく、〝勢〟にまかせる」という意味だと『史記会注考証《しきかいちゅうこうしょう》』で述べている（李零『兵以詐立』に詳しい）。金谷治も、前後の文脈から「人物のことにはこだわらないでという意味」ではないかと的確な一案を示した（新訂七二頁）。したがって、この一段全体は、個々の能力を問題にせず、集団の持つ力を作りあげ、それをうまく使うと言っていることになる。

曹操注は、例によってきわめて簡潔で、意図をつかみにくい。というより、中国の三世紀ごろまでの注釈はことばを省くことが少なくない。本は自分ひとりで読むものではなく、師について教わるのが一般的だったからだろう。現在においては、先行する文献の用例、書かれた時代の文化的常識にもとづいて、当時の注釈者の意図を推定せざるを得ない。曹操が〝勢〟と〝権〟を同義としたのは、計篇「勢とは、有利な情況〔を見ぬいてそれ〕にもとづいてその場に適した臨機応変の処置をとることである（勢者因利而制権也）」（新訂三〇頁、傍点は筆者）というくだりにもとづくのだろう。

形篇の末尾では、せきとめた水を深い谷底に向かって切って落とすことを〝形〟の比喩としていた。水はなにも力を加えなくても急流となって谷を下る。かりにわずかな傾斜しかない平地であっても、必ず低いところへ向かう。一方、ここでは地面に置かれた木や石という、静止したままなのがふつうであるものを喩えとしている。これらも、かりに動きやすいかたちに加工され、急斜面に置かれれば、同じ木や石であるにもかかわらず激しく転げ落ちる。じっと動かないはずのものが動き、常態では見られないような力がひき出されることを〝勢〟と呼ぶ。

テクストの誤りはどのようにして発生したか

京大本と岩波文庫新訂版とで形篇・勢篇の原文を見くらべてみると、あちこちで違いがある。京大本は、一四世紀ごろに出版された刊本に由来すると思われ、『孫子』の成立から一六〇〇年以上にわたる伝承の過程で、文字が改められたところ、誤ったところがある。それに対して、新訂版の原文は、竹簡本などの資料によって校訂を加えたものである。

それでは、テクストの誤りはどのようにして発生したのか。いくつかの例を示してみたい。

（一）同音による当て字（仮借）：必と畢――漢字は表意文字だとされることもあるが、戦国時代・漢代の出土竹簡などをみると、発音の同じ字、似た字を、当て字として使用した例は、漠然と予想されるよりもずっと多く、当時の人びとは原義や構造を気にしながら漢字を使っていたのだろうかと疑われてしまうほどである。このような同音による当て字を、中国文字学で「仮借《かしゃ》」と呼ぶ。

さきに引用したように、勢篇に「三軍之衆、可使必受敵而無敗者（三軍の衆、必ず敵を受けて敗るること無からしむ可きは）」という句がある。この語順だと副詞「必（きっと）」は動詞＋目的語「受敵（敵に対応する）」を修飾する。主語「三軍」つまり全軍に、「きっと敵に対応させる」とはどういうことか。状況によっては抵抗しないのだというつもりで、わざわざ「きっと」を加えているのか。それではあまりにもおかしい。そこで宋の王晳《おうせき》は、「必」は「畢《ひつ》（ことごとく）」の誤りで、「誰もかれもが敵に対応し」という意味に違いないと指摘した。この推定は、竹簡本がまさしく「畢」だったことで妥当性が裏づけられている。王晳は、かれの時代の音韻の知識によって判断したにすぎないが、じつは二〇世紀に再

図29　漢代の「卒」と「本」。陳松長編著『馬王堆簡帛文字編』（文物出版社、二〇〇一年）より。

図30　漢代の「无」と「不」。前掲『馬王堆簡帛文字編』より。

構された上古中国語でも「必」「畢」はともに*pjitとなり、仮借による誤りの例とすることができる。ただし、戦国時代の「畢」には、下半部が「必」と似た字形になっているものもあるので、音と形と両方の干渉を受けて誤った可能性もないではない。

（二）字形の類似に起因する誤り：無と不――さきほど「卒」が「本」に誤られたことにふれた。かたちの似た字を書いてしまう誤りは、いつの時代でもありうる。しかし、勢篇の「無窮如天地、不竭如江海」のうち、傍点を付した「不」が「無」の誤写かも知れないとは、なかなか思いつきにくい。

竹簡本で、この二句は「〔上部欠損〕窮如天地、无謁（竭）如河海」である（新訂六六頁の校訂結果には、もれている）。「无《む》」は「無」の異体字で、竹簡本は両者とも混用している。しかも、戦国時代から漢代の「无」には、「不」と字形が似た例があって、混同されやすい（図30）。おそらく以下の過程を経て誤写が起きたのだろう。

中間段階甲（仮定）　无窮如天地、无竭如河海

中間段階乙（仮定）　无窮如天地、不竭如河海（後の句の「无」を、「不」に書き誤

る）

南宋刊本　　無窮如天地、不竭如江海（「无」を、宋代の規範的字形「無」に統一）

「河海」が「江海」に変わったのは、唐代半ばから宋代初期までのあいだだと考えられる。

（三）前後の表現につられた誤り：疾と撃——写本を作る際、直前に出てくる類似の表現にひきずられて書き誤ることは、ときどきある。勢篇「激水之疾、至於漂石者、勢也。鷙鳥之疾、至於毀折者、節也」のふたつの「疾」のうち、後の一字がその例で、古くは「撃」だった。そう主張するのが、新訂六八頁にも引かれている孫星衍の意見である。

傍証のひとつは、この個所に加えられた曹操注「発起撃敵也」で、原文にあった「撃」の字をとりこんだと考えられる。さらに『文選』巻四四に収められた、三国時代の魏の陳琳《ちんりん》の句「夫鷙鳥之撃先高、攫鷙之勢也（夫《そ》れ鷙鳥《しちょう》の撃つこと先《ま》ず高く、攫《つか》めるは鷙の勢なり）」は、呉の軍人に向けて書かれた檄《げき》の一部なので、かれらにも縁のある『孫子』の表現を用いたものと思われる。三世紀にはまだ「鷙鳥之撃」だったのだろう。

以上三つは、失われた古い本文の復元に用いられる一般的な手法の例である。よく指摘されるように、写本の時代には、すべての本が少しずつ異なっていた。同じ書物の複数部の写本が完全に同じかどうか、どの写本が最も正確かを判定するのは、むずかしい作業である。ある写本の権威性がたまたま認められると、その系統の本文だけが写されて広まる可能性があった。さらに、一一世紀以降、木版印刷が本格的に始まり、特定の写本が印刷の底本として選定され、広く流通すると、他の系統の写本はいつしか駆逐されてしまう。

ここに、本文校訂という作業が必要になってくる。第I部でもふれたとおり、『孫子』の正しいテクストを復元しようとする試みは、朱子学の影響下に一四世紀からおこなわれていた。しかし、それは校訂者自身の語感と推理にもとづくことが多く、根拠は必ずしも完全でない。『孫子』研究における、一八―一九世紀の清朝考証学の貢献のひとつは、失われた本来のテクストがどのようなものだったか、中国語の歴史的な変遷も視野に置き、多くの資料を駆使して、検証可能なかたちで推定しはじめたことである。一流の学者ともなれば、本文の疑問点から答えを推定する識見、論証に必要な根拠を即座に挙げてくるだけの学力を、あわせそなえていた。

第三章　不確定であれ――銀雀山漢墓出土竹簡「奇正」

前二三九年ごろに完成したとされる『呂氏春秋《りょししゅんじゅう》』審分覧《しんぶんらん》の不二《ふじ》篇は、老子は柔《じゅう》を貴《とうと》び、孔子は仁《じん》を貴ぶなどと、思想家それぞれの特徴的なキーワードを列挙したなかで、孫臏は勢《せい》を貴んだ、と言う。孫氏学派による〝勢〟の重視は、当時ひろく認められていた。

前章であつかったように、人数や部隊の数量といった〝形《けい》〟に還元できない〝勢〟は、人間の集団というコントロールしにくい存在を方向づけるために大切なものだった。〝勢〟というものを考えるにあたって示唆的なのが、非線形科学の研究者である蔵本由紀《くらもとよしき》による、「リズムとリズムとが互いに影響しあうことから生じる」現象、「同期」についての説明である。

二つのリズムがあって、それらが互いに異なる固有周期でリズムを刻めば、一般に歩調関係は乱れて、ばらばらになります。固有周期の違いがどんなに小さくても、それが完全にゼロでない限り、時間が十分経てば必ず互いのタイミングは大きくずれます。ところが、二つのリズムが相互作用すると、周期がピタリと一致して歩調関係は少しも乱れない、ということが起こるのです。これが同期現象または引き込み現象の意味です。もちろん、つねにこうなるとは限りません。周期の違いが大きければ、それに見あうだけの相互作用の強さが必要です。（『非線形科学』集英社新書、二〇〇七年、一二九頁）

蔵本によれば、集団同期現象というものもあって、ホタルの集団発光、多くの人びとがまとまって動くときの歩調、コンサートの拍手などにみられるという。ここで、第I部でふれた、孫武が呉王闔廬の宮女たちを訓練した逸話をもう一度検討してみよう（三二―三三頁）。そこにいるのは、ばらばらの一八〇人の女性でしかない。九〇人ずつのふたつの群れ、手にした戟《げき》、前・左・右・後のどちらを向くか定めた太鼓の信号、これらは数量化・記号化でき、説明可能な〝形〟である。命令が守られないことを理由として、ふたりの隊長を孫武が斬り殺しても、〝形〟自体にはほとんど影響がない。にもかかわらず、はじめは無秩序だった宮女たちは「周期がピタリと一致」したのである。この逸話自体は、規律の有効性を証明するための虚構であろうが、役割の自覚を欠いた群集から、目標を共有して動く集団を生み出すのは〝勢〟だ、と考えているらしい点は注目される。〝勢〟とは、集団をどう「同期」させるかということではないのか。

集団同期を生み出す媒介となるのはなにか。勢篇であげられていたのは、人間の組織化「分数《ぶんすう》」、正しい指示を同時に伝える信号「形名《けいめい》」、予想外の事態を作って相手を乱す「奇《き》正《せい》」、敵の弱点へ味方の強い力を一気に加える「虚実《きょじつ》」だった。これらを用いて、味方のリズムを同期させ、敵の安定したリズムを乱すということになる。四つのうち、組織や信号の存在は、もちろん必須の条件である。集団を動かす場合、全く予期しない指示であっても即座に反応させ、それぞれに的確な動きをとらせられないなら、混乱がおきるばかりであろう。しかし、組織や信号だけがあって、それだけで勝つという事態は決してありえない。思いのままに集団を操作できることを前提に、重要になってくるのが〝奇正〟で、だからこそ勢篇は「戦う勢いは奇正に過ぎず」と断言する。さらに、司馬遷が戦国時代の斉の名将田単《でんたん》の才能をたたえた『史記』田単列伝の論賛《ろんさん》には、こう語られている。

太史公曰、兵以正合、以奇勝。善之者、出奇無窮。奇正還相生、如環之無端。夫始如処女、適人開戸、後如脱兎、適不及距。

太史公《たいしこう》〔司馬遷の自称〕曰わく、兵は正を以て合い、奇を以て勝つ。之れを善くする者、奇を出だすこと窮《きわ》まり無し。奇正の還《めぐ》りて相《あ》い生ずることは、環の端《はし》無きが如し。夫《そ》れ、始めは処女の如くにして、適人《てきじん》〔敵人〕戸を開き、後は脱兎《だっと》の如くにして、適《てき》〔敵〕距《ふせ》〔拒〕ぐに及ばず。

（現代語訳は『史記列伝（二）』岩波文庫、七六—七七頁を参照）

この前半部は勢篇（本書二一九―二二〇頁、新訂六五―六七頁）、後半部「始めは処女の如くにして」以下は九地篇（本書二三頁、新訂一六三―一六五頁）の文をそのまま利用している。司馬遷が『孫子』をよく読み、〝奇正〟こそ『孫子』の根幹だと信じていたことを示した一節である。

重視されたはずの〝奇正〟なのに、『孫子』でそれを正面からとりあげているのは勢篇だけで、ややもの足りない感がある。山鹿素行《やまがそこう》『孫子諺義《げんぎ》』などは、形篇・勢篇・虚実篇の三篇は関連しており、全体を通して読まねば真意はつかめないとする。もしそうだとすると、勢篇につづいて虚実篇を読み、〝奇正〟の意味を探るのもよいだろうが、ここでは少し対象を変え、銀雀山漢墓から出土した兵書「奇正」を紹介することにした。これは、一九七二年に竹簡で発見されるまで全く失われていた資料で、内容的に『孫子』勢篇・虚実篇と深く関連し、戦国時代後期の孫氏学派によって書かれた著作だと推定されている。漢代初期の『淮南子』兵略訓とも重なりあう叙述が多く、前三―前二世紀ごろには一般的に共有されていた知識だとみていい。

原典は段落や章を分けていないが、便宜上、五つに切って現代語訳のみを示し、原文と読み下し文は省いた。筆者の力ではきちんと読めない個所が少なくなく、以下に示す訳はひとつの試案にすぎない。底本としては張震沢《ちょうしんたく》『孫臏兵法校理』に収められた校訂版を利用し、一九七五年版『銀雀山漢墓竹簡（壱）』、金谷治訳注『孫臏兵法』、李零『兵以詐立』第七講、D・C・ラウとR・T・エームズによる英訳（D. C. Lau / R. T. Ames, *SUN BIN: The Art of Warfare*）を参照した。

（一）

天地の理法によれば、行き着くところまで行けば元に戻り、満ちれば欠ける。〔日月が〕そうだ。なにかが盛んになればなにかが衰える。四季〔の交代〕がそうだ。勝つものがあれば勝てないものがある。五行《ごぎょう》〔の相克《そうこく》〕がそうだ。生があれば死がある。万物がそうだ。できる者がいればできない者もいる。人間がそうだ。余裕のあるところがあれば足りないところもある。形《けい》と勢《せい》がそうだ。

この一段は、『孫子』虚実篇の末尾にも類似の表現がまとまって出てくる（新訂八八頁）。自然やさまざまの存在がつねに循環し変化すること、均質な状態はないことが「奇正」の前提になる。

ただし、以下につづく〝形〟の議論とのつながりは、少し分かりにくい。相手に勝つとき、味方は必ず一定の〝形〟をとらざるを得ない。しかしその〝形〟が固定してはいけない、単純に定義ができないほど、多様な〝形〟をとるべきだ。そう説いているのだろう。

（二）

形《けい》を持ったものなら〔固定した存在なので〕、ことばで定義できないことはない。ことばで定義できる存在になってしまうと、〔必ずなにか弱点があるので、それに〕勝てないことはない。聖人は、万物〔それぞれの能力・特性〕をもちいて万物に勝つ〔つねに変化する存在な〕ので、聖人の勝利が止まることはない。戦いとは、形《けい》で〔敵をしのいで〕勝つことだ。あらゆる形《けい》に、〔他が〕勝てないものはない。けれども、〔不確定でありつづける聖人が〕勝つときの形《けい》について知る者はない。

形《けい》で勝つ変化は、天地が尽きるまで〔と同じほど無限に〕果てしない。形《けい》で勝つ〔さまざまな変化〕は、楚や越の〔地方に無数に生えている〕竹で〔竹簡を作って〕書いても足りないほどだ。形《けい》は、それぞれの長所で〔他に〕勝つ。あるひとつの形《けい》の長所だけで、あらゆる形《けい》に勝つことなどありえない。〔ある形《けい》が別の〕形《けい》を抑えこむやりかたは共通しているが、〔具体的にどのように〕勝つかは同じではありえない。戦いの上手な者は、敵の長所を見てその短所を知るものだし、敵の足りないところを見ることで〔逆に〕敵に余裕のあるところが分かるものだ。〔戦いの上手な者が〕勝ちを見ぬくのは、日や月を見るかのよう〔に造作のないこと〕で、勝利をつかむことは水で火に勝つよう

〔に容易〕だ。

名称や定義を与えうるもの、すなわち一定のかたちを持ってしまったものは、それぞれ長所を持つとともに、どこかに短所がある。その短所を攻めることのできる存在を使えば、必ず破ることができる。「勝つときの形《けい》について知る者はない」は、虚実篇の金谷訳「人々はみな身方《みかた》の勝利のありさまを知っているが、身方がどのようにして勝利を決定したかというそのありさまは知らないのである」（新訂八六頁）と並行した表現である。

ここの「聖人」は、『老子』にみられる〝道《みち》に目ざめをもつ者〟（福永光司）、“the wise soul”（アーシュラ・K・ル＝グウィン）という意味に近く、道を体得し、一定の〝形〟や〝勢〟にしばられることがない者である。

だから無為の聖人は、無理をしないから失敗がなく、しがみつかないから逃がすこともない。（『老子』第六四章、福永光司訳）

なにがなにに勝てるか、相互の関係を完璧に知る聖人こそ、〝戦いの上手な者〟にほかならない。ところで、『孫子』に「聖人」という語の用例はない。『孫子』よりも銀雀山竹簡「奇正」のほうが『老子』の立場に近いことを示すであろう。

（三）

形《けい》によって形《けい》に対応するのは正で、形《けい》を持たずに形《けい》を抑えこむのは奇である。奇と正とが限りないのは、〔部隊の〕編制である。奇となる人数で編制し、五行〔の相克〕のように他を抑え、〔……〕戦わせて〔……〕。編制が定まれば形《けい》ができ、形《けい》が決まればことばで名づけられる。〔……以下、原文数字分が欠損〕〔敵と〕同じだと勝つには不充分なので、〔敵と〕異なるのが奇である。そこで、静は動の奇であり、佚《いつ》（ゆとり）は労《ろう》（疲労）の奇であり、飽《ほう》（満腹）は飢《き》（空腹）の奇であり、治（秩序）は乱（混乱）の奇であり、衆（多数）は寡（少数）の奇だということになる。奇が表面に出てしまうと正になるので、まだ表面に出ていないのこそ奇である。奇を表面に出して、〔敵が〕対応できなければ、勝てる。奇が過剰だと、行きすぎた勝ちになる。

まえに説かれたように、〝形〟を無限に変え、定義不可能であってこそ勝てる。〝形〟を持たないこと、敵の予想をうらぎり、敵と異なる態勢をつねに作ること、それが〝奇〟である。それにつづく部分は、相手が動ならこちらは静に、相手が疲れていればこちらはゆとりいを持つ、と言っているわけではない。敵にゆとりがあれば疲労させ、食糧を充分に持っていれば飢えた状態にし、安定していれば動かざるを得ない状況に追い込め、ということなのである。かりに数の上では敵が多数で、味方は少数だとしよう。こちらの〝形〟が見えていなければ、敵軍はあちこちに備えねばならず、分散する。分散した敵の一部を、戦意の高い味方の全力で襲えば、優勢のうちに勝利を収めることができる。『淮南子』兵略訓にも、戦意がないとか意思不統一だとかの場合は別として、ひとりひとりが必死になって戦ったとすれば、少数が多数に勝てた例は歴史上存在しない、という。味方が多数で敵は少数という局面を主導的に作り出して勝つ、というのである。

「〔……〕戦わせて〔……〕」としておいた部分は、原文が欠損している。張震沢は、他の篇を参照して「〔三分の一を〕戦わせて〔残り三分の二は控えとしておく〕」と補っている。最後の「奇が過剰だと」以下の文は、いちおうこのように訳してみたが、原文の意味がよくつかめない。

（四）

どこかの関節が痛いと、あらゆる関節が使えなくなるのは、同じ肉体だからだ。前方〔の部隊〕が崩れると後方〔の部隊〕までだめになるのは、同じ形《けい》だからだ。戦いの勢《せい》というものは、大きな隊形が崩れ〔なければ――原文欠損〕、小さな隊形が蹴散らされる〔ことはない――原文欠損〕。後方〔の部隊〕が前方〔の部隊〕を追い越してはならないし、前方は〔退却したとき〕後方の隊列を乱してはならない。〔それぞれの隊が、互いに進路妨害をしないように動けば、〕進む者には先へ進む道があり、退く者には逃げる道がある。

ここも欠損部があって、完全には解釈できない。かりに右のように訳を補ってみた。要するに、一部分が損なわれたときにも、それが全体に影響を及ぼさないように措置しておくべきだと説いているらしい。『淮南子』兵略訓には、千里を走れる駿馬であろうとも、関節がひとつだめになっただけで目的地に着けない、という比喩が出てくる。

（五）

恩賞が与えられず罰も加えられないのに、人びとが指示に従うのは、その指示がみんなに実行できるものだからだ。恩賞が充分で罰は厳しいのに、人びとが指示に従わないのは、その指示がみんなに実行できないものだからだ。不利だと分かっている状況下で、命がけにならせ、退却しないようにさせるのは、孟賁《もうほん》〔のような勇者〕にさえ難しいことを人びとに強いるもので、水を〔下流から上流へ〕逆流させるようなものだ。戦いの勢《せい》は、勝った者には増援を、負けた者には交代を出し、疲れた者は休息させ、空腹の者には食べさせる〔ことで作れる〕。そうすると人びとは〔……原文欠損〕の人を見て、死〔の恐れ〕を見ることがなく、白刃を踏もうとも退却しようとしない。水をあやつるのに、理法どおりにしてやれば、石さえ押し流し、船も破壊する。人びとを使うのに、天性のとおりにしてやれば、指示は〔水が〕流れるように実行される。

ひとりひとりの力の総和ではない、統制された集団行動の力を作りあげるのはなにかを説いた一段である。「みんなに実行できる」指示を与え、「勝った者には増援を、負けた者には交代を出し」うんぬんと、ここでもあたりまえすぎる答えが与えられている。

「死地に陥れる」――新井白石の疑い

「奇正」が説く〝戦いの勢《せい》〟の作りかたは、「戦わずして人の兵を屈するは、善の善なる者なり」（本書一七九―一八〇頁）、「善く戦う者は、不敗の地に立ちて、敵の敗を失わず」（二一一頁）という『孫子』の色あいになじみ、孫氏学派の基本がどのようなものだったか、よく示している。

ところが、『孫子』を読んでいると、その基本から大きく逸脱したように感じられる叙述が、九地篇にふたつ出てくる。以下、前章と同じく京大本にもとづき紹介しよう。曹操注は省略する。

＊

投之無所往、死且不北、死焉不得、士人尽力。兵士甚陥則不懼、無所往則固、入深則拘、不得已則闘。是故其兵不修而戒、不求而得、不約而親、不令而信。禁祥去疑、至死無所之。吾士無餘財、非悪貨也。無餘命、非悪寿也。令発之日、士卒坐者、涕霑襟、偃臥者、涕交頤。投之無所往、諸・劌之勇也。（新訂一四八頁）

之れを投じて往く所無きに、死すとも且《か》つ北《に》げざらんは、死すこと焉《いずく》んぞ得ざらん。士人　力を尽くす。兵士　甚《はなは》だ陥るときは懼《おそ》れず。往く所無きときは固し。入ること深きときは拘《もっぱ》らにし、已《や》むことを得ざるとき、闘う。是《こ》の故に、其の兵　修めずして戒《いまし》む。求めずして得る。約せずして親《した》しむ。令《れい》せずして信ず。祥を禁じ疑いを去りて、死に至るまで之《ゆ》く所無し。吾が士　余財《よざい》無きは、貨《たから》を悪《にく》むには非ず。余命《よめい》無き、寿を悪むには非ず。令《れい》発するの日、士卒坐《ざ》する者、涕《なんだ》　襟《きん》を霑《うるお》し、偃臥《えんが》する者、涕　頤《おとがい》に交《まじわ》る。之れを投《とう》ずるに往く所無きは、諸《しょ》・劌《かい》が勇ならん。

〔軍を〕どこへも逃げ場のないところへ投入すれば、たとえ死ぬことになっても退却しない。〔かれらが〕死ぬ〔気持ちで戦う〕ことがないことが、どうしてあるだろう。士卒は全力を尽くすものだ。兵士たちは、あまりに危険な状態に置かれると恐怖を感じなくなる。逃げ場がなければ覚悟が決まるし、深く〔敵中に〕入ればよけいなことを考えなくなる。どうしようもなくなれば戦うものだ。すると、部隊は注意を与えられなくても〔敵に〕警戒をはらうし、あれこれしなくても気持ちは通いあうし、決まりでしばらなくても関係が密になるし、命令を出さなくてもあてにできる。あやしい予言や流言飛語をなくせば、〔かれらは〕死ぬまでどこにも行かない。味方の将校には、手元に残す財貨もないが、〔それは死を決したからで、〕財産を持つのがいやだからではない。残された命もないが、〔それも死を決したからで、〕長生きがいやだからではない。〔最後の戦いの〕命令が出されたとき、士卒たちのうちで坐っている者たちは〔感情が高ぶって〕涙のしずくが服の前身頃《まえみごろ》にはらはらと落ち、〔負傷して〕身を横たえた者たちは涙が下あごをつたう。かれらを逃げようのない場へ追い込めば、〔多数の護衛にまもられた諸侯を、単身白刃をつきつけて脅迫・暗殺した〕専諸《せんしょ》や曹劌《そうかい》のような果敢さをみせるのだ。

＊

施無法之賞、懸無政之令、犯三軍之衆若使一人。犯之以事、勿告以言。犯之以利、勿告以害。投之亡地、然後存。陥之死地、然後生。夫衆陥於害、然後能為勝敗。

（新訂一六〇頁）

無法《むほう》の賞を施し、無政《むせい》の令を懸け、三軍の衆を犯《もち》うること一人《いちにん》を使《つか》うが若《ごと》し。之れを犯うるに事を以てし、告ぐるに言を以《もち》ゆること勿《なか》れ。之れを犯うるに利を以てし、告ぐるに害を以てすること勿れ。之れを亡地《ぼうち》に投じて、然《しか》して後に存す。之れを死地《しち》に陥れて、然して後に生す。夫《そ》れ、衆　害に陥りて、然して後に能《よ》く勝敗を為《な》す。

破格の恩賞を与え、規定にない命令をおおやけにし、全軍の集団をまるで一人だけを使うように動かす。〔集団には〕任務を与えて動かすもので、ことばで説明してはならない。有利なことで動かすもので、不利なことを説明してはならない。ほろびるような状況に追い込まれてこそ、残れるものだ。死ぬような状況に追い込まれてこそ、生きるものだ。不利な状況に追い込まれてこそ、勝ちか負けかをかけて戦えるものだ。（原文の動詞「犯」は、「用」「動」あるいは「範」と同義だとされることがあるけれども、根拠が分からない。かりに右のように訳した。）

どちらも追いつめられた戦いである。兵士にはなにも知らせず、戦わねば死ぬ状況に追い込んでいけ、そうすれば集団は必ずまとまり、勝機を見いだせる――九地篇の訴えかけに対して、曹操の注は、絶望的な状況に置かれた兵士たちが必死で戦ったとしても、負けるときは負けるものだ、と冷静に評している。

戦いの全体を綿密に計算し、必ず勝てるときだけ戦うように、と戒めている『孫子』全体の論調からみると、「死地」をめぐる九地篇の言説はいかにも不調和である。この点に気づいたのが、新井白石だった。第Ⅰ部第二章で記したように、白石は上に引いた部分で「専諸や曹劌」のふたりを並べる不自然さを最も早く指摘しており（三四―三五頁）、ていねいでするどい読みには敬服せざるを得ない。矛盾を解決するために、白石は『管子《かんし》』兵法篇の以下の一段を引く（図31）。

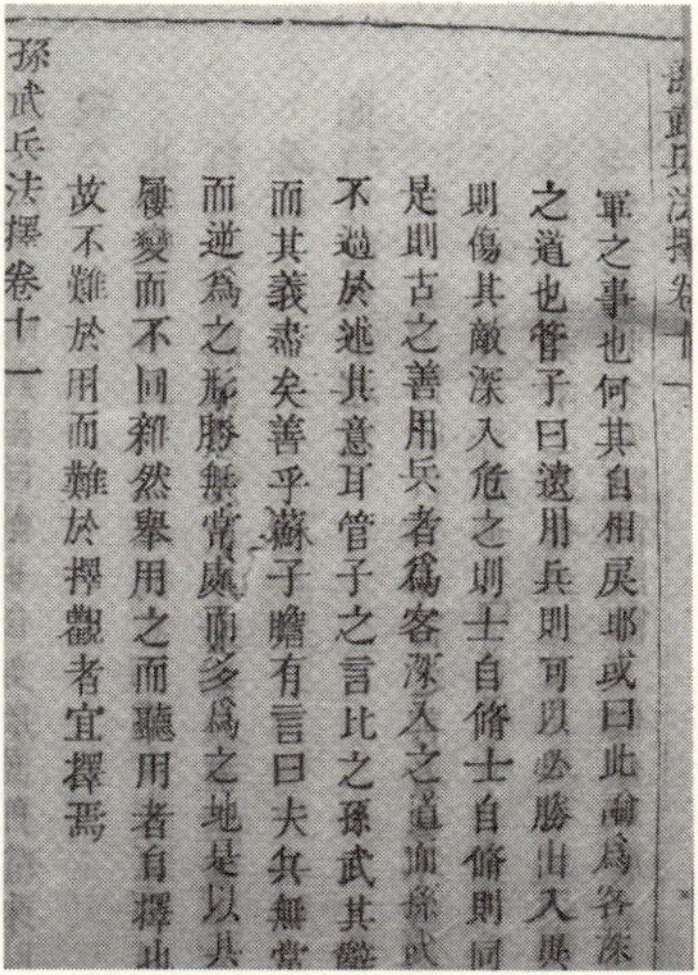
軍之事也何其自相戻邪或曰此兩爲各深
之道也管子曰遠用兵則可以必勝出入異
則傷其敵深入危之則士自脩士自脩則同
是則古之善用兵者爲客深入之道而孫武
不過於述其意耳管子之言比之孫武其辭
而其義悉矣善乎蘇子瞻有言曰夫兵無常
而逆爲之形勝無常處而多爲之地是以兵
屢變而不同紛然擧用之而聽用者自擇也
故不難於用而難於擇觀者宜擇焉
孫武兵法擇巻十一

図31　新井白石『孫武兵法択』。九地篇で、「死地」についての叙述が、『孫子』の他の部分とふんいきを異にすることを指摘した部分。万延元年（1860）木活字版。

遠い地域で戦えば、

〔故郷に逃げ帰ろうとする兵士が出ないので〕確実に勝つことができる。進撃と撤退に別の道を選べば、〔こちらの動きを予測できなくなって〕敵は不利益をこうむる。〔敵地に〕奥深く入りこんで〔味方を〕非常に危険な状態にすれば、兵士たちはみずから規律正しくする。兵士たちがみずから規律正しくすれば、心も力もひとつになる。

（解釈は安井《やすい》息軒《そっけん》『管子纂詁《さんこ》』による）

白石は、『管子』が伝承どおり春秋時代の管仲《かんちゅう》（？――前六四五）の自著だと信じていたため、九地篇は先行文献の考えを祖述したのだとみなす。ただ、『管子』兵法篇の成立年代は、研究の積み重ねによって、戦国時代まで引き下げられている（金谷治『管子の研究』岩波書店、一九八七年）。九地篇があまりに雑然としているという古来の指摘を視野に入れるなら、白石の指摘は、むしろ九地篇の成立史の複雑さ――必ずしも『孫子』が一貫した構想のもとで書かれていないということ――を解く手がかりともなりうるのではなかろうか。

〝勢〟〝奇正〟と芸術理論

『孫子』の〝勢〟〝奇正〟さらに〝虚実〟は、のちに兵法以外の用語としてもひんぱんに使われるようになった。そのうち〝勢〟の観念が、後世どのような広がりを持ったかについては、前章でふれたジュリアン『勢　効力の歴史』に詳しい。このような影響を与えることができた兵書は『孫子』以外にないことを、もう一度強調しておかねばならない。以下、兵法が他分野から受け入れられたさまを、文学理論書『文心雕龍《ぶんしんちょうりゅう》』定勢《ていせい》篇の場合を例に、少しだけ見ておこう。

練達の大家は、正統的創作法〔正〕によりながら新奇さ〔奇〕をねらうが、気鋭の新人は、奇を追求して正道をふみはずすありさまだ。

形体〔形〕あって調子〔勢〕は生まれ、首尾相い応じて働き合う。（興膳宏訳）

右のようなことばを含む定勢篇、その全体が説いていることは、以下のようにまとめられる――人は、なにか表現したい気持ちがまずあって、ものを書く。そのとき、選べるジャンルはいろいろある。日本語の場合にたとえるなら小説・随筆・論文・短歌・俳句・現代詩などであり、作者はどれを選んでもよい。しかし、表現したい情念にはそれぞれふさわしいジャンルがあるものだし、特定のジャンルの作品にどのような語彙・語法を使うかも、伝統的に一定の範囲がある。かりに、自らが表現したい情念に対して最適のジャンルや語彙・句法（〃形〃）を的確に把握していれば、読者に与える効果や感動（〃勢〃）は最も大きい。また伝統的表現（〃正〃）をきちんと守りながら、新しい語彙・句法（〃奇〃）をどのようにとりこむかも、書き手にとって大切な課題である（詹鍈《せんえい》『文心雕龍義証《ぎしょう》』上海古籍出版社、一九八九年）。詳しい検証ははぶくが、定勢篇の発想や表現が『孫子』形篇・勢篇をふまえているらしいことは、見てとれる。

『孫子』の影響は、文学理論だけにとどまらない。兵書を好んで読み、気分が高揚して大言壮語する中国歴代の文人や学者はかなり多く、揶揄《やゆ》をこめた「善談兵法、知而不用（善く兵法を談ずるも、知りて用いず）」、「紙上談兵（紙上に兵を談ず）」などの成語ができるほどだった。なかには冷静に自己観察をし、自分は戦史を論じて高い評価を受けたが、現実に一〇〇人ほど率いて盗賊をとらえよと言われても手配りすらできないだろう、との感慨をもらした人物もいる（銭鍾書『談芸録《だんげいろく》（補訂本）』中華書局、一九八四年、四五九頁が引く清の魏《ぎ》禧《き》のことば）。戦いそのものを目的とせずに『孫子』を読み、兵法の知識をたくわえるようになれば、そこに盛られた概念を別の分野の理論へと応用するところまで、もはや遠くはない。戦いという要素の強い囲碁の理論書、宋代の『棋経十三篇《ごきょう》』は、まさに『孫子』の一三篇を意識して書かれている。このような遊びの用語を媒介として兵法が日常に入りこむのも、当然の帰結であった。

第四章　集団と自然条件――西夏語訳『孫子』より

ここまで、本書を順を追って読み進めてくださった方は、『孫子』や孫氏学派はものごとを抽象的にしか語らないという印象を受けられたかも知れない。しかし、そのような篇ばかりではない。とりわけ行軍篇は、地形、自然現象、敵軍の動きをどう観察し、どう対処すべきかを具体的にとりあげている。本章では、その一部をとりあげて読んでみたい。原文と読み下し文は、第二章と同じく京大本にもとづく。さらに、現存最古の翻訳として第Ⅰ部第二章でふれた西夏語訳『孫子』の対応部分の大意を、台湾の林英津《りんえいしん》の注釈にもとづいて掲げる。

西夏語訳『孫子』は、すでに述べたとおり本文と曹操・李筌・杜牧の注を含むが、訳文のできばえについては、「簡潔に、しかもかなり意訳されている」（西田龍雄『西夏王国の言語と文化』一一三頁）と評価されており、原典に忠実で厳密であることよりも、通読できることを優先させたと考えられる。後で示すように、どのような原文にもとづいて訳したのか、解釈に困る例もある。『孫子』は、なんの目的で西夏語に翻訳されたのか。

西夏がもともと戦いに巧みであり、北宋の軍隊をさんざん翻弄したことは史書にも記され

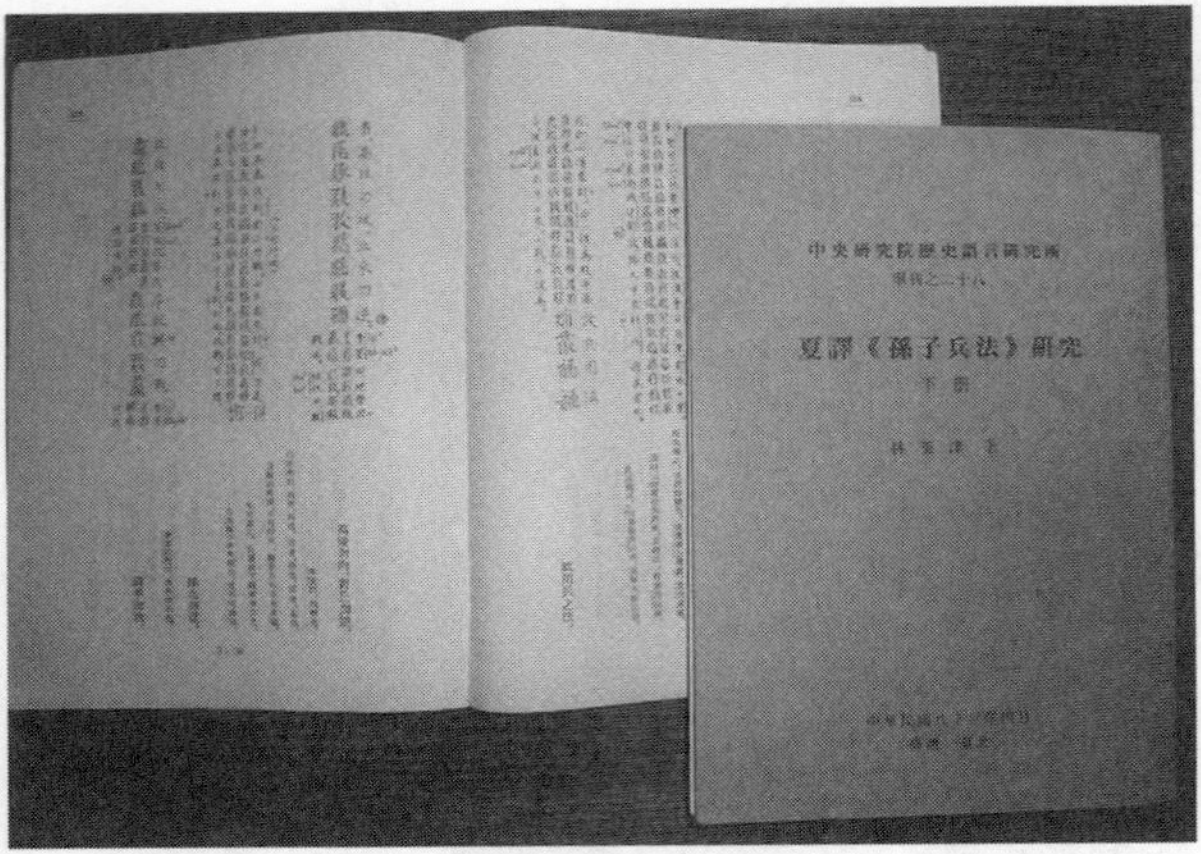

図32　林英津『夏訳《孫子兵法》研究』（1994年）

ており、わざわざ『孫子』を訳して実戦の参考にする必要はない。翻訳の目的は、文教や制度といった面から考察されるべきである。ここで、西夏建国から約七〇年を経た崇宗李乾順《すうそうりけんじゅん》の貞観《じょうがん》三年（一一〇四）、「貞観年間の軍事法典の宝玉の鏡」を意味する西夏語の軍事法典（中国の研究者により『貞観玉鏡統《じょうがんぎょくきょうとう》』と訳されている）を編纂してくわしく軍隊の規定を定めていること（小野裕子《おのゆうこ》「西夏文軍事法典『貞観玉鏡統』の成立と目的及び「軍統」の規定について」）、やはり崇宗の在位期間（一〇八六―一一三九年）から西夏独自の科挙《かきょ》による人材選抜を始めていること（周臘生《しゅうろうせい》「西夏貢挙鉤沈《こうきょこうちん》」）などを考えあわせると、おそらく一一世紀の末期、北宋にならって国家制度を整備していく過程で、上級武官たちに学ばせるための教科書として、『孫子』などの中国兵書を西夏語訳し、出版したのだと思われる。

筆者は、西夏語の知識がなく、本章のような解説をおこなう資格をとうてい持たない。ただ、西田龍雄が林英津による西夏語訳『孫子』研究を一九九五年に具体的に書評紹介してから久しいのに、日本の『孫子』研究者によってほとんど参照されていないのは残念なので、林英津の解読結果をできる限りそのまま紹介するように努めた。『孫子』本文の西夏語訳だけでは通読しにくいときは、曹操・李筌・杜牧の注の西夏語訳も参照し、訳語を適宜〔　〕内に補う。

＊

孫子曰、凡処軍相敵、絶山依谷、視生処高、戦隆無登、此処山之軍也。絶水必遠水、客絶水而来、勿迎之於水内、令半渡而撃之、利。欲戦者、無附於水而迎客、視生処高、無迎水流、此処水上之軍也。絶斥沢、唯亟去無留。若交軍於斥沢之中、必依水草、而背衆樹、此処斥沢之軍也。平陸処易、右背高、前死後生、此処平陸之軍也。凡四軍之利、黄帝之所以勝四帝也。（新訂一一一頁）

孫子曰わく、凡《およ》そ軍に処《しょ》し敵に相《むか》う、山を絶《わた》り谷に依る、生を視《み》高きに処《お》る、隆《たか》きを戦って登ること無し。此れは山に処《お》るの軍なり。水を絶りては、必ず水を遠ざけよ。客水を絶りて来らば、之れを水内《すいない》に迎うこと勿《なか》れ。半ば渡って之れを撃たしめば、利あらん。戦うことを欲する者は、水に近づいて客を迎うこと無かれ。生を視《み》高きに処《しょ》せよ。水流に迎うこと無かれ。此れ水上《すいじょう》に処《お》る軍なり。斥沢《せきたく》を絶《わた》るには、唯《た》だ亟《すみや》かに去りて、留まること無かれ。若《も》し軍を斥沢の中《うち》に交えば、必ず水草《すいそう》に依りて、衆樹《しゅうじゅ》を背《うし》ろにす。此れ斥沢に処《お》るの軍なり。平陸《へいりく》には易《い》に処《しょ》せよ。高きを右にし背《うし》ろにせば、死を前にし生を後《しり》えにせよ。此れ平陸に処《お》るの軍なり。凡そ、四軍《しぐん》の利、黄帝《こうてい》の四帝《してい》に勝つ所以《ゆえん》なり。

【西夏語訳の大意】　孫子は言う。軍隊が駐留して陣地を作るには、山を通りすぎて〔水を汲みやすい〕谷に近くする。高みにいれば生きることができる。丘のほうへ向かって〔低いところから〕攻めてはならない。これが山で軍隊を動かすやりかたである。河を渡ったら、〔敵をおびきよせて渡河させるため、岸から〕遠くにいるべきである。相手の軍が河を渡ってこちらに来たら、河の中にいるときに防いではならない。半分が渡ったところで攻めれば、必ずうまくいく。高みに陣地を作るべきである。〔敵が水攻めにしてくるかも知れないので〕土地が低いところにいてはならない。これが河で軍隊を動かすやりかたである。

湿地を通っていくときは、すみやかに離れるべきである。もし湿地を通りぬけないうちに軍隊と戦う場合は、泉の水（？）・草・樹木など〔のある場所〕に、しっかり拠らなくてはならない。これが湿地で軍隊を動かすやりかたである。

平らな土地であったら、〔動き〕やすいところに陣地を作るのがよい。右のほうが高いところに拠り、〔敵のいる低い〕前は死《し》であり、〔こちらのいる高い〕後ろは生《せい》である。これが平らな土地で〔軍隊を〕動かすやりかたである。

この四つの軍隊の動かしかたは、最も正しいものである。〔このやりかたで（？）〕軒轅《けんえん》天帝（黄帝）が四方の帝に勝った。


地形ごとの陣地設営や戦いかたの注意を述べた、行軍篇の冒頭部である。「斥沢」は、西夏語で〝湿地〟とだけ訳されているが、中国の内陸部にときどき見られるアルカリ土壌の広大な湿地をさす。強アルカリで地下水位も高く、地面が干上がると白く塩を吹き、草も木も生えない。このような場所で敵に包囲されると、人畜ともに渇いて死ぬ。きれいな湧き水があって、植物が生育している場所を探せば、生きのびられる。

「平陸処易、右背高、前死後生」は、「平地では足場のよい平らかな所に居て、高地を背後と右手にし、低い地形を前にして高みを後にせよ」のように解釈されている（新訂一一四頁）。「平陸」は〝平らかな道〟だと解釈する古注釈もあるが、「陸」には〝台地、平らかで

図33　平安時代写本『文選集注』巻六一。『孫子』行軍篇からの引用が、「平陸處（処）陽」になっている。金沢文庫伝来で、称名寺（神奈川県横浜市）蔵。『京都帝国大学景印旧鈔本』第三集（一九三五年）より。

高い地形〟という意味もある（『爾雅《じが》』）。また、日本に伝わる平安時代写本『文選集注《もんぜんしっちゅう》』巻六一に引用された『孫子』は「処易」を「処陽」としており、〝南に面した場所にいる〟という意味になる。古くは「易（陽の古い字体）」で書いており、そこから「陽」と書き換えたテクスト、「易」と書き誤ったテクストが派生した。唐代のある時期になって、誤字「易」が勢力を得てしまい、本来の原文を伝える「陽」が駆逐されたのだろう。最後の句「前死後生」は、〝前方は激戦地なので死に、後方は安全で助かる〟だとする説もあるが、そんなことを兵法にわざわざ書くだろうか。『淮南子』兵略訓の古注に、「高いことが生で、低いことが死」とある解釈に従っておき、全体を以下のように読む。「平野や台地では南向きの場所にいて、右手と背後が高くなる位置をとり、低い地形を前にして高みを後ろにせよ」。北半球での話だから、日あたりのよい南向きは、駐屯にふさわしい。武器は主に右手で扱い、弓をひくときも左側をねらう。もし少しでも高低差があれば、敵を左手前方の低い位置に見て戦うのが有利だということになる。ここの「易」が「陽」の誤りだということは、清の葉大荘《ようだいそう》『退学録』巻二が最初に推定した。『文選集注』の「陽」の一字についても、かつて的確な指摘がなされている（小尾《おび》郊一《こういち》・富永一登《とみながかずと》・衣川賢次《きぬがわけんじ》『文選李善注引書攷証《もんぜんりぜんちゅういんしょこうしょう》（下）』研文出版、一九九二年。図33)。

末尾の一段に出てくる黄帝(名は軒轅《けんえん》)は、中国の文明を興したという伝説上の帝王で、兵法の祖ともされた。「四帝」の意味は、銀雀山出土の竹簡資料「黄帝伐赤帝(黄帝　赤帝《せきてい》を伐つ)」の解読によって、初めて判明した。それによれば、中央にいた黄帝は、南の赤帝、東の青帝《せいてい》、北の黒帝《こくてい》、西の白帝《はくてい》を逐次打ち破り、天下をとったという。かりに四帝の順序と行軍篇の四つの地理的環境だけを対応させると、赤帝―山、青帝―水辺、黒帝―湿原、白帝―平野となり、黄帝は地形ごとの戦いかたを知って勝てたことになる(ただし、竹簡「黄帝伐赤帝」でふれられているのは、敵軍と自軍との位置関係であって、地形ではない)。固有名詞や歴史・古伝承の記述は、『孫子』にめったに出てこない。ここは例外のひとつである。

＊

つぎに、気象の変化がもたらす災害の予見について説いた例をひとつ挙げる。

上雨、水沫至、欲渉者、待其定也。　(新訂一一六頁)

上雨《みなかみあめ》ふりて、水沫《あわだ》って至《いた》りては、渉《わた》らんと欲《ほっ》する者、其の定《しず》まるを待て。

【西夏語訳の大意】水といっしょに泡が来るとき、すぐ〔河を〕渡ってはいけない。〔泡が〕なくなれば、渡ることができる。——杜牧注：谷間の河を渡るとき、水面に泡が流れたら、山の上で雨が降っている。水の泡が行ってしまって、岸から〔水面が〕下がったら渡ってよい。このようにしないと、水の流れが急に増し、兵士や馬に被害が出る。

唐の杜牧の注の原文は、「谷間の河を渡るとき、上流から泡が流れていることがある。これは上流で雨が降っているのである。泡がなくなり水量がおちつくまで待ったところで、渡河してもよい。そうでないと、一部の者だけ渡河したところで、急激な増水が突然おしよせてくる可能性がある」となっている。西夏語訳には、「兵士や馬に被害が出る」がつけ加えられている。

＊

以下の各節は、周囲の状況の観察から敵の動きを判断するための心得である。

鳥起者、伏也。獣駭者、覆也。（新訂一一九頁）

鳥起《た》つは伏《ふく》なり。獣《けもの》駭《おどろ》くは覆《ふく》なり。

【西夏語訳の大意】降りていた鳥がおどろいて飛ぶところには、伏兵がひそんでいる。野生の獣がおどろくところには、兵士が不意に来る。

「鳥起つ」については、それまで水平に飛んでいた鳥が伏兵のいる場所にさしかかると高度を上げる、という説（宋の張預《ちょうよ》）もあるが、西夏語訳はより伝統的な理解である。後半は、敵がこちらを包囲しようとして、林の中を迂回して近づいてきたから獣が逃げ出すのだ、とされている。

塵高而鋭者、車来也。卑而広者、徒来也。散而条達者、樵採也。少而往来者、営軍也。（新訂一一九頁）

塵《ちり》高くして鋭《と》きは、車《くるま》の来《きた》るなり。卑《ひき》うして広きは、徒《かちもの》来るなり。散《ちりぢり》にして条《しちしち》に達《いた》るは、樵《き》採《と》るなり。少なくして往来する者は、軍を営《えい》するなり。

【西夏語訳の大意】　土ぼこりが高くのぼり、上がとがっていれば、車や騎馬の兵だ。土ぼこりが低く、下に広がっていれば、歩兵だ。土ぼこりがばらばらにあちこちで動いているのは、たきぎを集めている人だ。土ぼこりの量が少なく、行ったり来たりしているなら、陣地を設営している。

いずれも、離れたところから土ぼこりを観察し、敵の動きを判断するやりかたである。古代中国の道は舗装されていたわけではないから、乾燥したときに軍隊が移動すると砂塵が舞い上がる。車や馬は、縦隊で速く近づいてくるので、土ぼこりは高くあがり、見かけの幅は狭い。歩兵は広がってゆっくり接近するため、土ぼこりが低く広くたれこめる。

＊

敵の陣地のようすについての注意点から、ひとつ拾ってみよう。この個所は、全部で三種類の異文が伝わっている。まず『十一家註孫子』から二つの読みをあげ、便宜的に①②で区別しておく。

①粟馬肉食、軍無懸缻、不返其舎者、窮寇也。　（『十一家註孫子』本文）

馬に粟《ぞく》して肉食し、軍に懸缻《けんふ》無くして、其の舎《しゃ》に返らざる者は、窮寇《きゅうこう》なり。

（杜牧注による訳）馬には〔人間の主食用の〕穀物を食べさせ、〔兵士は〕肉〔などのごちそう〕を食べ、携行用の水瓶《みずがめ》がなく、陣営に戻らないのは、追い込まれた〔決死の戦いをする〕敵だ。

②殺馬肉食者、軍無糧也。軍無懸缻、不返其舎者、窮寇也。

（『十一家註孫子』異文。傍点は筆者）

馬を殺し肉を食らう者は、軍に糧無きなり。軍に懸缻無く、其の舎に返らざる者は、窮寇なり。

（李筌注による訳）馬を殺してその肉を食べているのは、部隊に食糧がないのである。携行用の水瓶がなく、陣営に戻らないのは、〔食事の用意すらできないほど〕行きづまった敵だ。

②の、馬を殺して食べている敵は食糧がなくて困っている、という程度のことだったら、

図34　漢代の「粟」と「殺」。前掲『馬王堆簡帛文字編』より。

わざわざ兵法に書かなくても判断がつくので、①が古いかたちだと思われる。「粟馬」、馬に力をつけるため良質の穀物を餌として与えた実例は、前漢の衛青《えいせい》・霍去病《かくきょへい》が匈奴《きょうど》を本格的に攻撃したときにみられる（『漢書』匈奴伝上）。「懸瓶」は金谷訳の〝壁にかかった釜〟だと理解しにくいので、試みに〝携行用の水瓶〟と訳してみた。あまり大型でない、吊り下げて（懸）運べる陶製の水瓶（缶《ふ》）と解したのだが、自信はない。ずっと後の唐代の規定（日本の『養老令《ようろうりょう》』も大同小異）だが、軍隊は、武器や食糧はもちろん、一火《か》（兵士一〇人）ごとに天幕、馬の飼葉桶、シャベル・つるはし等の土木工具といった大量の装備を持っている。武器以外すべてを放棄し、必備の水瓶さえ持たず、設営した陣地も捨て、必死で戦う、という含みではないだろうか。

「粟馬」が「殺馬」になってしまったのは、唐代以前、かなり古い時代の誤写によるだろう。現在の漢字だと〝粟〟と〝殺〟は全く異なるが、戦国時代から漢代にはやや形の近い例がある（図34）。古い時期に〝粟〟を〝殺〟と誤った写本が作られ、②の系統の本文が成立したと思われる。

西夏語訳からみても、一一―一二世紀の北中国では「殺馬」のほうが優勢になっていたことが分かる。以下に西夏文字、逐語訳、西夏語の再構語形（林英津の注を読む便宜上、龔煌城説にもとづく。アラビア数字は声調の種類を示す）、大意を示す。

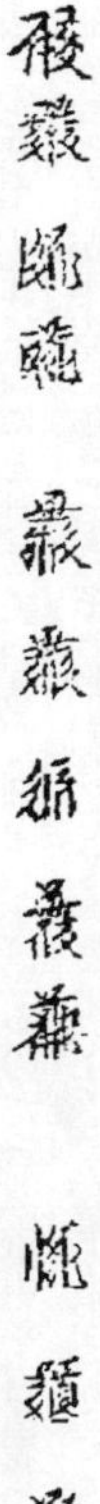

馬　屠る　肉　食べる　軍隊　食糧　ない　釜　放置する　（ない　取る−する）

gjij^{1} śjij^{1} tśhjij^{1} dzji^{1} gja^{1} dźjwij^{2} mjij^{1} rjɨr^{2} sju^{1}　mji^{1} dźjɨ^{2} - wji^{1}

（はずだ＋ない）

lew^{2} mə̣^{1}

【西夏語訳の大意】馬を殺し肉を食べるのは、軍隊に兵糧がないのだ。釜を放置して、取らない、そのようなことはありえないはずだ。

⑴S＋O＋V、⑵否定詞 mji^{1}＋（語幹 dźjɨ^{2}＋動詞接尾辞 wji^{1}）の構造からなる文だが、後半部に誤脱があるかも知れないとされている。「甑」の訳語 rjɨr^{2} は、釜を意味することもある。ここの西夏語訳は、前掲の①②とは異なる、京大本などのような原文③にもとづいて

書かれたのではないか。ただし、原文の後半を訳者がどう理解していたのかは分かりにくい。

③殺馬肉食者、軍無糧也。懸缻不返其舎者、窮寇也。

馬を殺し、肉食らうは、軍に糧無きなり。缻《ほとぎ》を懸けて其の舎に返らざる者は、窮寇なり。

行軍篇にみられる、形篇・勢篇とは全く異質の具体性は、『孫子』の別のおもしろさである。このような描写は、決して『孫子』だけのものではない。『左伝』の成公《せいこう》一六年（前五七五）、鄢陵《えんりょう》の戦いが始まろうとするとき、楚の共王《きょうおう》が敵の晋軍の動きの意味をたずね、伯《はく》州犂《しゅうり》が答える場面をみよう。

「晋の兵車が左に右にと馳せている。何をしているのだ」。「軍吏を召集しているのです」。「全員が中軍に集まったぞ」。「相談しているのです」。「幕を張ったぞ」。「先君の位牌の前で卜《うらな》っているのです」。「幕を取り除いたぞ」。「これから命令を発するところです」。「ひどく騒がしい。それに土埃《つちぼこり》が上ったぞ」。「井戸を塞《ふさ》ぎかまどをつぶして隊列を組んでいるのです」。「全員車に乗ったが、御者以外は武器を手にして下りたぞ」。「軍令を聴くためです」。「戦《いくさ》になるのか」。「わかりません」。「乗車したが、また御者以外は下りたぞ」。「戦に先立って禱《いの》るためです」。（『春秋左氏伝（中）』岩波文庫、一〇五―一〇六頁。改行をなくし、一部の表記を改めた）

この対話の筆づかいは、後世、まるで小説の会話のようだと評される。これほど精細に敵を見つめねばならなかったのは、ひとつひとつの小さな徴候をつかむことが、〝勢〟を作りあげるために必要だったからであろう。『淮南子』兵略訓は、気勢《きせい》・地勢《ちせい》・因勢《いんせい》の〝三勢〟について、こう説明する。

将軍が勇気にあふれて敵をのんでかかり、兵士は果敢で自発的に戦う。三軍〔全軍〕の人びと、百万人の部隊が、目標をめざす気持ちは大空の雲まで上り、意気は突風のごとく、ときの声はいかずちのごとく、真剣さや集中力の強さで敵を威圧すること、これを気勢という。狭い道、渡し場、関所、そびえる山、世に知られた城——龍や蛇がとぐろを巻き、笠を伏せたかのような〔山のつづく〕地形、羊の腸のように曲がりくねった道、魚をとる簗《やな》のように〔入れば〕二度と出られない谷の入口、そこで一人が隘路を守っているだけで、千人〔の敵〕でさえも通ろうとはしないこと、これを地勢という。敵の肉体や精神の疲労、たるみ、混乱、飢え、渇き、凍え、暑気あたりに乗じて、倒れそうな者を突きころがし、立ち上がろうとする者をおしつぶす。これを因勢という。

三勢のうち、地勢には地形の有利不利の、因勢には敵軍のかかえる問題点の、くわしい観察を欠かすことができない。行軍篇が列挙する数々の微細な徴候は、そのひとつずつを集め、確実に組み立てていくことで、最終的に〝勢〟を自らの側が獲得していくための糸口なのである。そのことを考えながら、謀攻篇のことばを、あらためて引いておくことにしよう。

彼《か》れを知りて己《おの》れを知れば、百戦して殆《あや》うからず。

必要なのは、観察と判断をつづけ、〝勢〟を得るための手間を惜しまないことであるらしい。

おわりに

筆者は、中国の思想や歴史の専門家ではなく、中国語の教師である。これまで『孫子』や兵書、軍事について研究したこともない。本書を担当することになったのは、全くの偶然である。なんの蓄積もないため、まず『孫子』一三篇の原文を原稿用紙に一字ずつ手で書き写すこと、関連資料を少しずつ集めて読むことから始めた。その過程でしだいにふくれあがってきた疑問が、どうして『孫子』は世界的に有名な古典になったのか、ということだった。

もちろん、ずっと説いてきたように、『孫子』は魅力のある本だし、独自の特質を持つ。フランソワ・ジュリアンの観察したところを見てみよう。

> 通常、戦争は予見できないものであり、偶然（もしくは宿命）によって支配された領域だとされてきた。ところが、中国の思想家はその反対に、早くから、戦争の展開は純粋に内的な必然性によるものだと考えていた。そして、その必然性は論理的に予見できるし、完全に管理できる。
>
> （中島隆博訳『勢　効力の歴史』一七頁）

この一般化が、中国以外についてあてはまるものかどうか筆者には判断できないし、戦争が「偶然（もしくは宿命）によって支配された領域」だとする考えかたは、中国にも広く存在する。ただ、対象を『孫子』だけに限れば、ジュリアンのことばは、よくあてはまる。もちろん「予見できるし、完全に管理できる」といっても、敵と味方との絶え間ない運動と新しい変化について、つねに観察し、考えつづけるという前提で。こうした内容を、的確に指摘したというだけでも、『孫子』は古典としての資格を持つ。

ところで、読む者がほんとうに知りたいのは、そして即効性があるのは、どうすれば予見でき、完全に管理できるかではないのか。その点について『孫子』はことばを省く。

一に曰わく度《たく》、二に曰わく量《りょう》、三に曰わく数《すう》、四に曰わく称《しょう》、五に曰わく勝《しょう》。（形篇）

本書二一四頁に引いた注釈を手引きとして読めば、『孫子』のことばが正しいことは分かる。しかし、これで勝てるものだろうか。よくできたマニュアルならば、書いてある手順どおりにすれば、誰でも失敗なく同じことができる。『孫子』は、ちがう。自分で調べ考えて判断せよという。勝ったことのない者が勝とうとするとき、『孫子』をみて役にたつのだろうか。

また、実際に戦争をするわけではない場合、『孫子』のなかで有用な部分はきわめて限られる。読んで学び、役だてるという目的なら、中国に書物は数多い。中国学の研究者の立場にたってみると、『史記』『漢書』や杜甫《とほ》や『論語』に手もふれずに伝統中国を学ぶなどということは、まずありえない。しかし、『孫子』は知識体系に欠かせない要素とまでは言えないだろう。かりに一生縁がなかったとしても、全く不思議ではない。それなのに有名になったのは、なぜか。

さらに、資料を集めていると、おかしなことが出てきた。アメリカで出版されている『孫子』の表紙デザインの一部にへんなものがある。たとえば図22（一五三頁）、黒地にオレンジ色の円環、そのなかに書かれた「侍」の文字。なぜ『孫子』が世界的に知られるようになったかが解け、図22の意味が分かったのは、日本が日露戦争に勝ったことで西洋世界は『孫子』を発見したのだ、『孫子』はまず日本と結びつけられて西洋に受容されたのだ、ということを悟ってからである。要するに、南アフリカ戦争、日露戦争、朝鮮戦争が起き、二〇世紀の国際秩序が変化していくなかで、『孫子』は西洋世界が「他者」（南アフリカのブール人も含めて）と戦うための手引きとして訳され、読まれ、知られるようになっていった。このことは、欧米の東アジア研究者にとって新しい知識ではなさそうなのだが、筆者はずいぶん後になってからようやく気がついた。

日本で『孫子』が再生したのも、日清・日露戦争前後、西洋近代と対抗する意識が高まるなかでだった。それ以後の『孫子』解説には、なるべく派手に景気よく、いかに東洋的であり、いかに有用かを語る流れができあがってしまう。似たものをいくつもめくりつづけているど、どうして『孫子』の文体にそぐわない声高な語りかたが多いのか、という思いがつのってくる。そうしたなかで、意外な印象を受けた一冊を、挙げておきたい。一四五頁でふれた北海道大学附属図書館蔵の寺岡謹平の著のことである。自らのことばは序文のみ。先人の業績を伝えることに専念して、訳注ひとつ加えていない。この時期の兵書研究としては、まことに珍しい姿勢である。在華勤務期間の日記の一部を読んだ限りでは（寺岡義春編『寺岡謹平　日誌抄』一九八八年）、特別な主張を持つ人柄であったようにも思えないが、他の訳注・解説の饒舌さに抗議するかのようだった。

もうひとつ驚いたのが、北大のこの一冊の『孫子』『呉子』の原文一字一字の右横に、ブルーブラックのインクのきちょうめんな筆跡でびっしりと書きこまれた、注音符号《ちゅうおんふごう》（二〇世紀初期に中国で作られた発音記号）による中国語発音表記である。よく見ると、辞書で調べた発音ではない。日本人の聞き取りによくある誤りが、顔を出す。どうやら、日本人が中国人の先生の前にすわり、中国語による原文朗読を耳で聞きながら、ていねいに発音をつけていったものらしい。「七書」の三つめ、『司馬法』の冒頭部で注音符号は終わっており、そこで講義が中断したか、発音表記なしで読めるようになったか、どちらかだろう。かつての日本で中国の古典を読むのには、漢文訓読から入門することが多く、訓読だけでよい、訓読のほうがすぐれている、という風潮も一時みられた。もちろん、本格的に学ぼうとするなら、古典を中国語の発音でも読め――儀式として音読するのではなく――中国語としても理解できるようにならなくてはいけない。これは、つとに室町時代の禅僧岐陽方秀《ぎようほうしゅう》が道破した、あたりまえで、避けては通れないことである。注音符号を書きいれたのがいつのことなのか、旧蔵者のなかの誰なのか、手がかりはないが、手間を惜しまずに、あるべき読みかたをしようとした人は、昔にもいたのだ、という思いであった。

そうした寄り道も含め、『孫子』が読みつがれ、くり返し「誕生」する過程を追いかけ、自分なりに最初の疑問への答えを出してみたのが、この一冊である。

最後に、この場を借りて、謝辞を述べることを許していただきたい。

どのような方針で書けばいいのか、まだまだ迷いのあった二〇〇六年の夏、発売されたばかりの李零『兵以詐立――我読『孫子』〈兵は詐を以て立つ――わたしの読む『孫子』〉』を、当時まだ南京大学近くのカフェの奥にあった万象《ワンシャン》書店で買い求め、浴衣をくつろげた風格の中国語で書かれたこの著作によって、自分なりに『孫子』を語ってもよいということを教えられたのは、さいわいだった。第Ⅱ部第三章を「奇正」にあてることにしたのも、李零教授の著作にみちびかれてである。李零教授は、エッセイの名手としても知られる。中国語を学ばれた読者には、『花間一壺酒』（北京：同心出版社、二〇〇五年）を始めとする多くの随筆集で語られている兵法論も、おすすめしたい。

第Ⅱ部第四章の西夏語訳『孫子』の解釈の一部については、台北の中央研究院語言学研究所の林英津研究員からお教えをいただいたところがある。林英津先生は、一五年まえの解読の水準について、もはや満足しておられない。ただ、筆者の能力的な限界により、一九九四年の著作に記された読みを日本語でなぞってみることしかできなかった。誤りがあれば、その責任はもちろん筆者にある。

岩波書店編集部の杉田守康さん、山本賢さん、奈良林愛さんには、ずっとお世話になった。とりわけ、企画の当初から担当された杉田さんは、二度三度とひっくり返ってしまう筆者の構想にしんぼうづよくつきあい、できのわるい初稿を細かく読んで、ていねいに意見をくださった。周到な書きこみにしたがって原稿を改めながら、提出した作文を小学校の恩師になおしていただいたときのことを思い起こした。混沌のなかからなんとか体裁を整えることができたのは、杉田さんの助け、岡本哲也さんの細心の校正、そして故金谷治教授『新訂孫子』のおだやかでしっかりした安定感のおかげである。『孫子』について書くという、考えてみたこともない場を作られた杉山正明教授にも、感謝したい。

平田昌司

二〇〇九年二月八日

附記

中扉ウラの国宝『群書治要』巻三三『孫子兵法』の部分は、現在では文化庁「文化遺産オンライン」で全体が公開されている。撮影と掲載を許可された東京国立博物館に感謝する。本文中の図版の掲載を認められた国立故宮博物院図書文献館および文化行銷処・慶應義塾大学附属研究所斯道文庫・京都大学附属図書館にもお礼申し上げたい。なお、『三略口義』(第I部第三章)・『絵本孫子童観抄』(図19)・吉田松陰自筆『孫子正文』(図20)・清家文庫本『魏武帝註孫子』(図28)は、いずれも京都大学附属図書館の貴重資料画像として全文がインターネット上で公開されている。その他、所蔵者を記さない図版には、おもに家蔵のものを用いた。日本の明治期をあつかった部分は、国立国会図書館のデジタルコレクションがなければとうてい書けなかったことも、特記しておく。

参考文献

一　全体についての参考文献

『孫子』の原典

(1) 魏武帝註と十一家註

『漢文大系』第一三巻、冨山房、一九一二年。孫星衍の岱南閣本『孫子十家註』を底本とした訓点・頭注つきの原文を収める。一九七五年の増補版は、詳しい音訓索引を追加。

楊丙安『十一家注孫子校理』北京：中華書局、一九九九年。

謝祥皓・劉中寧輯『孫子集成』全二四冊、済南：斉魯書社、一九九三年。一九四九年以前に作られた『孫子』の写本・版本・注釈を、中国のものを中心に八〇種集めて影印。

(2) 銀雀山漢墓出土竹簡

銀雀山漢墓竹簡整理小組編『銀雀山漢墓竹簡（壱）』北京：文物出版社、一九七五年七月。本書によって、孫子兵法・〝孫臏兵法〟の全容が、竹簡写真・模本・釈文で紹介された。いわゆる〝孫臏兵法〟のうち一五篇の竹簡写真はこの版でしか見られない。写真の印刷が安定せず、複数部を対照してみると、読みとり可能な字に相当のばらつきがある（一九七六年に日本の龍渓書舎から刊行されたリプリントは、写真の文字がほとんど読めない)。解説と釈文だけの『孫子兵法――銀雀山漢墓竹簡』(文物出版社、一九七六年)、『孫臏兵法』(文物出版社、一九七五年二月)もある。

銀雀山漢墓竹簡整理小組編『銀雀山漢墓竹簡(壹)』北京：文物出版社、一九八五年。一九七五年版とは内容が大幅に異なり、孫子兵法・孫臏兵法・尉繚子・晏子・六韜・守法守令等十三篇と題された竹簡の写真・模本・釈文を収める。写真は一九七五年版より鮮明で、注釈も改訂されている。

『孫子』の翻訳・注釈

(1) 日本――近現代

佐藤鉄太郎『孫子御進講録』海軍大学校、一九三三年。昭和七年(一九三二)に進講。

尾川敬二『戦綱典令原則対照 孫子論講』菊地屋書店、一九三四年。『孫子』に対応する日本陸軍“戦綱典令”(「戦闘綱要」「歩兵操典」「軍隊教育令」等)を摘録し対照。

山田準・阿多俊介訳注『孫子』岩波文庫、一九三五年。

寺岡謹平『武経七書直解』出版年未詳(一九三八―四二年のあいだ)。

金谷治訳注『孫子』岩波文庫、一九六三年。同『新訂 孫子』岩波文庫、二〇〇〇年。

金谷治責任編集『世界の名著10 諸子百家』中央公論社、一九六六年。町田三郎訳注『孫子』を収め、金谷による巻頭解説「中国古代の思想家たち」で『孫子』を論じる。

天野鎮雄『孫子・呉子』新釈漢文大系第三六巻、明治書院、一九七二年。

山井湧『孫子　呉子』全釈漢文大系第二二巻、集英社、一九七五年。

浅野裕一『孫子』講談社学術文庫、一九九七年。

湯浅邦弘『孫子・三十六計』角川ソフィア文庫、角川学芸出版、二〇〇八年。
（2）日本――江戸時代（二〇世紀以降の翻刻・影印があるものに限る）

山鹿素行『孫子諺義』寛文一三年（一六七三）序。和文・漢文混合。翻刻に、民友社本（一九一二年）のほか、広瀬豊編『山鹿素行全集　思想編』第一四巻（岩波書店、一九四二年）所収のものがある。

荻生徂徠『孫子国字解』寛延三年（一七五〇）刊。和文。『漢籍国字解全書』第一〇巻（早稲田大学出版部、一九一〇年）に翻刻。

新井白石『孫武兵法択』万延元年（一八六〇）刊。漢文。『孫武兵法択副言』とあわせて『新井白石全集』第六巻（吉川半七、一九〇七年）に翻刻。本書が白石の真作であることについては、古川哲史『新井白石』（弘文堂、一九五三年）の一七「孫子註解の二書」に考証がある。

神田白龍子『武経七書合解大成俚諺鈔』享保一三年（一七二八）刊。和文。『校註漢文叢書』第五・六巻（博文館、一九一三年）に翻刻。

山口春水『孫子考』完成年未詳。和文。岡田武彦『孫子新解』（日経ベンチャー別冊、日経BP社、一九九二年）の別冊附録として、小浜市立図書館蔵写本の影印版を収める。

佐藤一斎『孫子副詮』弘化三年（一八四六）刊。漢文。前掲『孫子集成』第一六冊に影印。

桜田簡斎『古文孫子正文』嘉永五年（一八五二）刊。漢文。『孫子集成』第一六冊に影印。

伊藤鳳山『孫子詳解』文久二年（一八六二）刊。漢文。『孫子集成』第一七冊に影印。読み下し文に書き改めて、水交社から一九〇七年に刊行。酒田市立図書館が、定本完成以前の自筆稿本全文画像を公開している。

吉田松陰『孫子評註』文久三年（一八六三）刊。漢文。山口県教育会編『吉田松陰全集』（定本版）第四巻（岩波書店、一九三四年）に翻刻。松陰が久坂玄瑞《くさかげんずい》に贈った自筆写本の影印に、吉田庫三の跋を加えた、乃木希典の私家版がある。読み下し文は、山口県教育会編『吉田松陰全集』（普及版）第六巻（岩波書店、一九三九年）、大和書房版の同全集では第五巻（一九七三年）。

（3）現代中国語

呉九龍編『孫子校釈』北京：軍事科学出版社、一九九〇年。『孫子』本文を対象とした校訂注釈と現代中国語訳。巻末に『孫子』の英訳・仏訳・露訳・日本の読み下し文・伊訳を添える。『孫子会箋《かいせん》』（中州古籍出版社、一九八八年）などの著者、楊炳安《ようへいあん》（楊丙安と同一人）が執筆に参加している。楊炳安の注釈は、清代の学者の説をていねいに調べており、有用。

李零『孫子訳注』北京：中華書局、二〇〇七年。後述の『『孫子』十三篇綜合研究』から現代中国語訳注の部分を抜き出したもの。

（4）英語

E. F. Calthrop, *Sonshi*, Tokyo: Sanseido, 1905.

E. F. Calthrop, *The Book of War: the Military Classic of the Far East*, London: J. Murray,

1908.

Lionel Giles, *Sun Tzŭ on the Art of War*, London: Luzac, 1910. もとの版を見る必要がある。BN Publishing ほかのダイジェスト版は、解説・注を完全に削除しており、役にたたない。

Samuel B. Griffith, *Sun Tzu: The Art of War*, Oxford University Press, 1963. 十家註の一部も訳している。下記の版は、解説などをおおはばに削り、意味のない図版を加えたもので、すすめられない。*The Illustrated Art of War*, Oxford University Press, 2005.

Ralph D. Sawyer, *The Seven Military Classics of Ancient China*, Boulder: Westview Press, 1993.「七書」全体の英訳。『孫子』の本文は十家註本にもとづき、竹簡本との違いを注で示す。

Roger Ames, *Sun-Tzu: The Art of Warfare*, New York: Ballantine Books, 1993. 今本『孫子』・竹簡本（欠損を補完せず、残存部分のみを全訳）・逸文（一部）の英訳。

John Minford, *The Art of War*, Penguin Books, 2002.『孫子』本文の英訳、十家註・諸子百家の書・〝孫臏兵法〟・アミオ訳・ジャイルズ訳・李零注などの関連部分を摘録した英訳の二部構成。曹操注のかなり多くの部分を訳し、『孫子』と『老子』の関連性をていねいに指摘したことは、本書の特色。

『孫子』をめぐる研究

（1）『孫子』

『武内義雄全集』第七巻、角川書店、一九七九年。「孫子の研究」（一九四四年ごろの未刊稿）、「孫子十三篇の作者」（一九二二年）、「孫子考文」（一九五二年）を収める。日本語による学術的研究として、いまでも参考価値が高い。ただ、音韻の説明にまま見られる誤りなどは、以後の日本語訳注に影響を及ぼしてしまった。『孫子』の押韻については、態度が慎重な、清の江有誥《こうゆうこう》『先秦《せんしん》韻読《いんどく》』（『音学十書』に収める）から始めるのがよい。

李零『『孫子』十三篇綜合研究』北京：中華書局、二〇〇六年。旧著『呉孫子発微』（現代中国語訳注）と『孫子古本研究』（古本の校訂本文、研究論文など）の二冊をまとめて改訂したもの。『孫子』研究の基礎としてすぐれている。

李零『兵以詐立――我読『孫子』』北京：中華書局、二〇〇六年。北京大学における『孫子』の講義録。内容的にたいへんおもしろく、多数の図版も有用。

鄭良樹『孫子斠補』台北：台湾学生書局、一九七四年。

邱復興編『孫子兵学大典』全一〇巻、北京：北京大学出版社、二〇〇四年。現代中国社会における『孫子』の応用を知ることができる。第八巻「著述提要」（穆志超・蘇桂亮）は、現物をきちんと調査して解説した『孫子』関係文献解説目録（未見資料はそのむね明記）。

（2）中国の兵法

Joseph Needham / Robin D. S. Yates, *Science and Civilization in China, vol. 5, pt. 6, Military Technology: Missiles and Sieges*, Cambridge University Press, 1994.

湯浅邦弘『よみがえる中国の兵法』大修館書店、二〇〇三年。

李零『簡帛古書与学術源流（修訂本）』北京：三聯書店、二〇〇八年（初版二〇〇四年）。北京大学の出土文献概論の講義録。第一一講は、出土した兵書についての簡にして要を得た概説。

張震沢『孫臏兵法校理』北京：中華書局、一九八四年。一九七五年版『銀雀山漢墓竹簡（壱）』にもとづく〝孫臏兵法〟三〇篇の注釈。

金谷治訳注『孫臏兵法』東方書店、一九七六年。二〇〇八年のちくま学芸文庫版は、図版・付載論文の訳を除いている。
D. C. Lau / Roger T. Ames, *SUN BIN: The Art of Warfare*, Albany: State University of New York Press, 2003.
金谷治訳注が一九七五年版『銀雀山漢墓竹簡（壱）』の認めた〝孫臏兵法〟三〇篇をあつかうのに対し、Lau らは「五教法」を追加した三一篇（本文表2参照）を収める。

大西克也「上海博物館蔵戦国楚竹書《曹沫之陳》訳注」『出土文献と秦楚文化』三、東京大学文学部東洋史学研究室、二〇〇七年。日本語訳に水準の高い中国語訳注を添える。

厳霊峯『周秦漢魏諸子知見書目』四、北京：中華書局、一九九三年。

劉中寧『中国兵書総目』北京：国防出版社、一九九〇年。

二　各章ごとの参考文献

第Ⅰ部 第一章　戦いの言語化

D. C. Lau, "Some Notes on the *Sun tzu* 孫子," *Bulletin of the School of Oriental and African Studies*, 28. 2 (1965), pp. 319-335. グリフィス訳『孫子』を批判した古い論文だが、『孫子』本文研究のために基礎的で必読。

石井真美子「『孫子』の構造と錯簡」『学林』三三、中国藝文研究会、二〇〇一年。
Mark Edward Lewis, *Sanctioned Violence in Early China*, New York: State University of New York Press, 1990.

第Ⅰ部　第二章　成立と伝承

何炳棣『有関『孫子』『老子』的三篇考証』台北・中央研究院近代史研究所、二〇〇二年。

斉思和「孫子著作時代考」『燕京学報』第二六期、一九四〇年。

金徳建「孫子十三篇作於孫臏考」、同『古籍叢考』昆明：中華書局、一九四一年。

鄭良樹「論『孫子』的作成年代」「論銀雀山出土『孫子』佚文」「『孫子』続補」、同『竹簡帛書論文集』北京：中華書局、一九八二年。

浅野裕一「「十三篇『孫子』の成立事情」『島根大学教育学部紀要（人文・社会科学）』一三、一九七九年。

山田崇仁「N-gramモデルを利用して先秦文献の成書時期を探る――『孫子』十三篇を事例として」二〇〇四年一一月一日。http://asj.ioc.u-tokyo.ac.jp/html/034.html
高橋未来「杜牧撰『注孫子』について――兵学と儒学とをむすぶもの」『中国文化』六六、中国文化学会、二〇〇八年。

阿部隆一「金沢文庫本「施氏七書講義」残巻について」『阿部隆一遺稿集』二、汲古書院、一九八五年。

劉琳「施子美与『施氏七書講義』」『宋代文化研究』第三輯、成都：四川大学出版社、一九九三年。

許友根『武挙制度史略』蘇州：蘇州大学出版社、一九九七年。
Joseph-Marie Amiot, *Les Treize Articles de Sun-Tse*, 1772. フランス語訳。原本は未見であり、以下を参照した。*Mémoires concernant l'histoire, les sciences, les arts, les mœurs, les usages, &c. des Chinois, par les missionnaries de Pe-kin*, tome VII, Paris, 1782.
E. Cholet, *L'art militaire dans l'antiquité chinoise: Tiré de la traduction du P. Amiot (1772)*, Paris: Charles-Lavauzelle et Cie, 1922.
後藤末雄著、矢沢利彦校訂『中国思想のフランス西漸』1・2、平凡社東洋文庫、一九六九年。

第I部　第三章　日本の『孫子』

大谷節子校注「兵法秘術一巻書」『日本古典偽書叢刊』第三巻、現代思潮新社、二〇〇四年。

石岡久夫『日本兵法史——兵法学の源流と展開』上・下、雄山閣出版、一九七二年。

足利衍述『鎌倉室町時代之儒教』日本古典全集刊行会、一九三二年。

川瀬一馬『増補新訂 足利学校の研究』講談社、一九七四年（初版一九四八年）。

川瀬一馬『古活字版之研究 増補版』日本古書籍商協会、一九六七年。

和島芳男『中世の儒学』吉川弘文館、一九六五年。

玉村竹二『日本禅宗史論集』全三冊、思文閣出版、一九七六—八一年。

野口武彦『江戸の兵学思想』中公文庫、一九九九年（初版は中央公論社、一九九一年）。江戸時代の『孫子』研究を中心にあつかう。

佐藤堅司『『孫子』の思想的研究——主として日本の立場から』（謄写版印刷）、一九五九年。のち

『孫子の思想史的研究——主として日本の立場から』（風間書房、一九六二年。原書房、一九八〇年）。『孫子の体系的研究』（風間書房、一九六三年）は、前年の著書との重複が多い。

前田勉『近世日本の儒学と兵学』ぺりかん社、一九九六年。

前田勉『兵学と朱子学・蘭学・国学』平凡社、二〇〇六年。

第Ⅰ部　第四章　帝国と冷戦のもとで

T. H. E. Travers, "Technology, Tactics, and Morale: Jean de Bloch, the Boer War, and British Military Theory, 1900-1914," *The Journal of Modern History*, 51. 2, « Technology and War » (1979), pp. 264-286.
A. Hamish Ion, "Something New under the Sun: E. F. Calthrop and the Art of War," *Japan Forum*, 2. 1 (1990), pp. 29-41.
Bruno Navarra, *Das Buch vom Kriege*, Berlin: Boll u. Pickardt, 1910.
Scott A. Boorman / Howard L. Boorman, "Mao Tse-tung and the Art of War," *The Journal of Asian Studies*, 24. 1 (1964), pp. 129-137. アメリカ政府による中国共産党研究とグリフィス訳『孫子』の関係を知るために有益。
Mao Tse-tung (tr. Samuel B. Griffith), *On Guerrilla Warfare*, New York: Praeger, 1961.
Samuel B. Griffith, *The Chinese People's Liberation Army*, New York: McGraw-Hill, 1967. 以上の二点から、グリフィスの中国軍事史・中国人民解放軍に対する考えかたが分かる。
佐藤堅司「『孫子』への回顧」『史観』第三四・三五合冊、早稲田大学史学会、一九五一年。

岡村誠之『孫子の研究――その現代的解釈と批判』立花書房、一九五一年。

岡村誠之遺稿『孫子研究』岡村マスエ、一九七四年。

板川正吾『孫子の兵法と争議の法則』東武交通労働組合出版部、一九五一年初版、五二年増補改訂版。改題・改訂して『孫子――名将の条件』（日中出版、一九九二年）。

村田宏雄・北川衛・村山孚『孫子』経営思潮研究会、一九六二年。

山口英治「兵書に学ぶ経営のセンス」『経営者』日経連弘報部、一九六二年一二月号。

（無署名）「なぜ売れる〝孫子の兵法〟」『芸術生活』一九六三年一月号。

林周二「経営論における孫子ブーム批判」『中央公論』一九六三年三月号。

武田泰淳「『孫子』の兵法」『武田泰淳全集』第一五巻、筑摩書房、一九七二年（初出一九六二年）。

電子資料「朝日新聞戦前紙面データベース」「朝日新聞戦後見出しデータベース」「昭和の讀賣新聞」。

第Ⅱ部 第一章 帝王のために

『群書治要』宮内省図書寮、一九四一年（影印四七軸、活字翻刻四七冊、解説・凡例・正誤表一冊）。影印は美しい二色刷の巻子本で、朱点が明瞭。翻刻（訓点を削除）は、一部の字を改めている。「書陵部所蔵資料目録・画像公開システム」を参照。

『群書治要』（古典研究会叢書 漢籍之部）全七冊、汲古書院、一九八九―九一年。前記一九四一年版の影印に、尾崎康・小林芳規の解題を加えた。翻刻は含まない。単色刷のため、朱点は分かりにくい。

是澤恭三「群書治要について」『MUSEUM 東京国立博物館美術誌』一一〇、一九六〇年。東京国立博物館蔵九条家旧蔵写本につき報告。

尾崎康「群書治要とその現存本」『斯道文庫論集』二五、一九九〇年。

第Ⅱ部 第二章 形と勢

フランソワ・ジュリアン著、中島隆博訳『勢 効力の歴史』知泉書館、二〇〇四年。原著は、François Jullien, *La Propension des choses: Pour une histoire de l'efficacité en Chine*, Paris: Des Travaux / Seuil, 1992.

第Ⅱ部 第三章 不確定であれ

石井真美子「『孫子』兵勢篇と「奇正」」『学林』三五、二〇〇二年。

石井真美子「『孫子』虚実篇考——「虚実」の解釈とその編纂過程」『学林』三六・三七、二〇〇三年。

宇佐美文理「「形」についての小考」『中国文学報』七三、二〇〇七年。

成田健太郎「書体を詠う韻文ジャンル「勢」とその周辺」『日本中国学会報』五九、二〇〇七年。

今西凱夫訳注『碁経十三篇』、呉清源解説『玄玄碁経集』1、平凡社東洋文庫、一九八〇年。

第Ⅱ部 第四章 集団と自然条件

西田龍雄『西夏王国の言語と文化』岩波書店、一九九七年。

K. B. Keping, *Sun TSzy v tangutskom perevode: faksimile ksilografa*, Moskva: Nauka, 1979. 最初の『孫子』西夏語訳の研究。ケピンによるロシア語訳注と写真版。本書の図版に簡単な紹介を加えて縮小転載したのが、王民信「西夏文「孫子兵法」」(『書目季刊』第一五巻第二期、一九八一年)。

黄振華「西夏文孫子兵法三家注管窺——孫子研究札記之二」、寧夏文物管理委員会弁公室等編『西夏文史論叢』一、銀川：寧夏人民出版社、一九九二年。軍争篇について、『孫子十家註』との異同の例を本文三条、注一五条にわたって、具体的に列挙。

林英津『夏訳《孫子兵法》研究』台北：中央研究院歴史語言研究所、一九九四年。ケピンの成果を踏まえ、新しい解読・注釈を試みた優れた研究。西田龍雄による書評が『東洋学報』七七巻一・二(一九九五年)に発表されている。西夏語訳『孫子』中の動詞接頭辞をあつかったつぎの論文は、本書をより正確に読むために参考価値が高い。林英津「孫子兵法西夏訳本中所見動詞詞頭的語法功能」『中央研究院歴史語言研究所集刊』五八本二分、一九八七年。

E. I. Kyčanov / H. Franke, *Tangutische und chinesische Quellen zur Militärgesetzgebung des 11. bis 13. Jahrhunderts*, München: Verlag der Bayerischen Akademie der Wissenschaften, 1990. クチャーノフによる『貞観玉鏡統』のドイツ語訳と図版、フランケによる中国・西夏軍事法典の概説および一一—一三世紀中国軍事法典資料のドイツ語訳。本書の図版にもとづいて漢訳・解説を加えた研究書に、陳炳応『貞観玉鏡将研究』(銀川：寧夏人民出版社、一九九五年)がある。

小野裕子「西夏文軍事法典『貞観玉鏡統』の成立と目的及び「軍統」の規定について」、荒川慎太郎ほか編『遼金西夏研究の現在』一、東京外国語大学アジア・アフリカ言語文化研究所、二〇〇八年。

学術文庫版へのあとがき

本書は、二〇〇九年四月に岩波書店のシリーズ「書物誕生——あたらしい古典入門」の一冊として刊行された『孫子』——解答のない兵法』と同じ内容で、誤記などは改めた。

岩波版刊行から一五年のうちに気のついた動きは、二点ある。

第一に、映像、ゲームなどメディア文化を通して『孫子』が中国での存在感をいっそう高めたことだろう。二〇二三年の中国で話題になった連続テレビドラマ「狂飆《きょうひょう》 The Knockout」は、架空の大都市「臨江省京海市」を舞台に、二〇〇一年春節には生鮮市場の善良な魚屋に過ぎなかった主人公高《ガオ・》啓強《チーチアン》が、裏社会と関わるようになって犯罪と陰謀を重ね、京海市の行政・警察と癒着した強大なマフィア組織のボスにのしあがり、やがて特捜班によって悪を暴かれ、二〇二一年に死刑判決を受けるまでを描いたフィクションである。劇中で、チンピラになめられない知恵を身につけるには『孫子』がよいと聞いた高啓強は熱心に勉強し、裏社会の人間となってからも、ことあるごとに決め台詞として『孫子』のことばを口にし、その策を用いて次々と敵対勢力を倒していく。「狂飆」は、ダークヒーロー高啓強と彼をとりまく人間たちの魅力、俳優たちの名演によって高視聴率を獲得、高啓強が愛読する『孫子』も中国の書店で人気を博するに至った。高啓強の機略縦横ぶりにあこがれて『孫子』を買って読む犯罪者まで出てきたらしく、中国の警察が特殊詐欺グループや密航計画者集団を摘発したところ『孫子』が押収されたとか、『孫子』勉強会を開いていたとかいう事例さえ面白がって報道されている。

そもそも一般の中国人は『孫子』という書名、名言のいくつかを知っている程度で、実際に読んだ人はわずかであった。義務教育段階から接し始める『論語』、唐詩などとは読者人口が全然ちがう。今世紀になって『孫子』が中国で存在感を高め、実際に本を手にとる人も増えたのは、メディア文化の強烈な影響、そして文化ナショナリズムとの共鳴による。

第二に、『孫子』は、中国を理解するための本として国際的に位置付けられるようになった。二〇世紀前半の欧米で『孫子』が読まれたのは主に帝国日本の軍事的脅威ゆえだった。それに対して、『孫子』は中国の兵書であり、人民解放軍対策として読まれるべきだと最初に力説したのがサミュエル・B・グリフィスである（二五七頁）。西洋での主な読者は軍人だった。ところが、二〇世紀末からの国際社会における中国の急激な台頭（China Rising 中国崛起）により、中国的な「ものの考え方」を理解することが求められ、その手がかりの一つとして『孫子』を用いる読者層が現れた。日本の『孫子』から本来の中国の『孫子』へ回帰しただけでなく、軍用から民用への転換が世界的にも拡大したわけである。

今世紀における転換の一例として、オーストラリアの著名な日本文化研究者A・L・サドラー（一八八二―一九七〇）の『孫子』訳注を挙げてみよう。第二次世界大戦中、日本軍は一九四二年にニューギニアへ上陸、オーストラリア軍との地上戦闘が始まった。サドラーは、日本語能力を生かして、シドニーで日本軍暗号の解読に協力していたが、ニューギニア戦線の自軍将兵（従軍した自分の教え子も含まれる）の日本軍理解の一助にと『孫子』など中国兵書の訳注にとりかかり、書籍用紙の特別配給を受けて一九四四年に出版までこぎつける。この戦時版刊行から六〇年以上を経た二〇〇八年、サドラー訳は、シドニー在住の出版人E・H・ロウによって改題補訂の上で復刊された。古い訳をわざわざ復刊した意義はロウの解説に詳しく、そこでは中国など非西洋世界の台頭、それゆえの異文化理解の必要性、二一世紀における戦争の変化が強調され、日本と『孫子』の関係はもはや問題にされていない。ちなみに、戦時オーストラリアの困難な状況下で訳注作業に取り組んだサドラーとその訳文の美点にロウは深い敬意を払い、『孫子』の文章と思想そのものを理解する姿勢の大切さを説く。『孫子』の断片だけを切り取って「fortune cookie wisdom（フォーチュンクッキーの「おみくじ」の格言）」のごとく利用する時流に対して、ロウは冷ややかである。『孫子』の参考文献としては、上記サドラー訳とアメリカの中国学者ヴィクター・H・メア訳の二点のみを補っておく。(1) Arthur L. Sadler and E. H. Lowe, *Chinese Martial Code: The Art of War of Sun Tzu, The Precepts of War by Sima Rangju, Wu Zi on the Art of War*, Tuttle, 2008.［電子書籍が openlibrary.org ほかでアクセスフリー］(2) Victor H.

Mair (tr.), *The Art of War: Sun Zi's Military Methods*, Columbia University Press, 2009.

なお、岩波版に拠った本書の中国語版が二〇二四年一月に北京の三聯書店《さんれん》から黄沈黙《こうちんもく》さんの訳で刊行されている。中国語版は、出版社側が諸般の事情でやむを得ず黄沈黙さんの原訳文を改めてしまったところがある。したがって、今回の文庫化にあたって中国語版の内容は反映させない。岩波版から変更した箇所は、一四五頁の「燕雲」の注記「(燕雲十六州（河北省・山西省北部）)」で、これは上海の故石立善《せきりつぜん》さんから岩波版刊行時にご意見をいただいた。

最後に、本書の講談社学術文庫への収録を勧め、新しい書名を考えてくださった講談社学芸第三出版部の栗原一樹氏、さらに同社校閲部に深く感謝申し上げる。読者からは見えにくいが、編集者や校閲者は実質的に書物の共同作業者である。かつて岩波版を担当された杉田守康氏にも、この場を借りて重ねて感謝したい。

二〇二四年九月八日

平田昌司

KODANSHA

本書の原本『孫子』――解答のない兵法』は、
二〇〇九年に岩波書店より刊行されました。

平田昌司（ひらた　しょうじ）

1955年，島根県生まれ。京都大学大学院文学研究科博士後期課程中国語学中国文学専攻中退。中国語学研究家。著書に『文化制度和汉语史』，『徽州方言研究』（編著）などがある。

講談社学術文庫

定価はカバーに表示してあります。

『孫子《そんし》』の読書史《どくしょし》
「解答《かいとう》のない兵法《へいほう》」の魅力《みりょく》
平田昌司《ひらたしょうじ》

2024年11月12日　第1刷発行

発行者　篠木和久
発行所　株式会社講談社
東京都文京区音羽 2-12-21 〒112-8001
電話　編集（03）5395-3512
販売（03）5395-5817
業務（03）5395-3615
装　幀　蟹江征治
印　刷　株式会社ＫＰＳプロダクツ
製　本　株式会社国宝社
本文データ制作　講談社デジタル製作

© Shoji Hirata　2024　Printed in Japan

落丁本・乱丁本は，購入書店名を明記のうえ，小社業務宛にお送りください。送料小社負担にてお取替えします。なお，この本についてのお問い合わせは「学術文庫」宛にお願いいたします。
本書のコピー，スキャン，デジタル化等の無断複製は著作権法上での例外を除き禁じられています。本書を代行業者等の第三者に依頼してスキャンやデジタル化することはたとえ個人や家庭内の利用でも著作権法違反です。Ⓡ〈日本複製権センター委託出版物〉

ISBN978-4-06-537672-0

「講談社学術文庫」の刊行に当たって

これは、学術をポケットに入れることをモットーとして生まれた文庫である。学術は少年の心を養い、成年の心を満たす。その学術がポケットにはいる形で、万人のものになることは、生涯教育をうたう現代の理想である。

こうした考え方は、学術を巨大な城のように見る世間の常識に反するかもしれない。また、一部の人たちからは、学術の権威をおとすものと非難されるかもしれない。しかし、それはいずれも学術の新しい在り方を解しないものといわざるをえない。

学術は、まず魔術への挑戦から始まった。やがて、いわゆる常識をつぎつぎに改めていった。学術の権威は、幾百年、幾千年にわたる、苦しい戦いの成果である。こうしてきずきあげられた城が、一見して近づきがたいものにうつるのは、そのためである。しかし、学術の権威を、その形の上だけで判断してはならない。その生成のあとをかえりみれば、その根は常に人々の生活の中にあった。学術が大きな力たりうるのはそのためであって、生活をはなれた学術は、どこにもない。

開かれた社会といわれる現代にとって、これはまったく自明である。生活と学術との間に、もし距離があるとすれば、何をおいてもこれを埋めねばならない。もしこの距離が形の上の迷信からきているとすれば、その迷信をうち破らねばならぬ。

学術文庫は、内外の迷信を打破し、学術のために新しい天地をひらく意図をもって生まれた。文庫という小さい形と、学術という壮大な城とが、完全に両立するためには、なおいくらかの時を必要とするであろう。しかし、学術をポケットにした社会が、人間の生活にとってより豊かな社会であることは、たしかである。そうした社会の実現のために、文庫の世界に新しいジャンルを加えることができれば幸いである。

一九七六年六月　野間省一